우리 나무와 숲의 이력서

우리 나무와
숲의 이력서

Résumé of Trees and Forests of Korea

공우석 지음

청아출판사

사람들은 처음 만나면 인사를 하고 명함을 주고받으며 알아가기를 한다. 상대방을 보다 자세히 알고 싶을 때는 그 사람의 성장 배경, 경력, 관심사 등 이력을 들여다보게 된다. 이력서는 상대방이 나를 바르게 알도록 개인적인 정보를 담아내는 그릇이다. 이력서에는 태어나서 오늘까지의 개인에 대한 역사가 고스란히 담겨 있다.

우리 주변 생물에도 이력서가 있다. 이 책은 한반도에서 자라는 나무와 숲에 대한 이력서다. 길을 나서면 가장 흔하게 볼 수 있는 나무는 무엇일까? 우리 주변에 자라는 나무와 숲은 언제부터 우리와 함께 살기 시작했을까? 산꼭대기나 외딴 섬에 자라는 나무와 숲은 왜 그곳에만 있고 다른 곳에서는 볼 수 없을까? 기후변화는 우리 나무와 숲에 어떤 영향을 미칠까? 이런 궁금증을 가지고 공부하고, 산과 섬의 나무와 숲을 살피면서 알게 된 내용을 식물지리적 시각으로 그리고 자연사적 눈으로 정리했다. 우리 나무와 숲이 자라는 현장에 해결해야 할 현안이 있고, 답도 거기에 있다.

식물지리학자로서 식물과 숲을 답사하고 생물지리학, 식생사, 기후변화와 생태계, 환경 문제, 고산지 생태학 등을 대학에서 교육하고 연구하면서 시민과 소통할 역할과 책임이 있다고 느꼈다. 강의실에서 토론하고 대중에게 강연했던 내용들을 엮어 《키워드로 본 기후변화와 생태계》(2012)와 《왜 기후변화가 문제일까?》(2018)라는 책을 세상에 내놓은 이유도 여기에 있다.

생물 분포와 다양성이 환경과 어떠한 상호관계가 있는지 밝히는 생물지리학을 공부한 지 30여 년이 넘었다. 요즘에는 기후변화가 범지구적인 관심사가 되었지만, 필자가 연구를 시작할 때는 기후변화와 생태계라는 주제가 요즘처럼 중요한 화두가 될 것이라고는 짐작도 하지 못했다. 그동안 스스로 질문하고 답을 찾으려고 높은 산, 외진 곳, 먼 섬을 답사하면서 몇 권의 책을 냈다. 한반도 식물과 식생을 체계적으로 정리한 《The Plant Geography of Korea》(1993)와 《한반도 식생사》(2003), 북녘의 자연 생태계와 환경 현안을 다룬 《북한의 자연생태계》(2006), 바늘잎나무의 지리와 생태를 분석한 《침엽수 사이언스 I》(2017)을 통해 한반도 식물 다양성과 자연사를 소개했다. 우리 식물을 생물지리적인 눈으로 정리한 《생물지리학으로 보는 우리식물의 지리와 생태》(2007)를 출간한 지도 10여 년이 넘었다.

《우리 나무와 숲의 이력서》에서는 이 땅에 뿌리를 내리고 자라는 식물이 왜 그곳에 분포하는지 식물지리학적인 시각으로 정리했다. 시간과 공간 그리고 관점을 넘나들면서 현장을 관찰하고 기록한 보고서다. 지질 시대부터 오늘에 이르기까지 시간 여행을 하고, 유라시아 대륙 북극해 연안의 툰드라부터 제주도 한라산 정상까지 공간을 넘나들면서, 식물지리학자의 눈으로 한반도에 자라는 나무와 숲의 자연사, 문화, 지리와 생태를 기록했다.

기후변화가 자연 생태계에 어떤 영향을 미칠지에 대해 질문을 자주 받는다. 미래를 예측하려면 현재를 이해하고 과거를 알아야 한다. 과거는 미래를 알 수 있는 열쇠라는 말이 있다. 지구 온난화가 가져올 부작용을 알려면 혹독한 빙하기를 견디고 이 땅을 피난처 삼아 정착한 나무들의 발자취를 거슬러 가야 한다. 또 한반도 자연사를 풀 수 있는 단서지만 대중의 관심 밖에 있는 빙하기 유존식물에 주목하고, 키는 작지만 강한 생명력을 가진 극지고산식물과 고산식물을 연구했다. 산꼭대기, 산자락 외진 곳에 자라는 작지만 강인한 빙하기의 유존종이 왜 중요한지 애정을 갖고 조사했다.

역사 시대 이래 의식주를 해결하는 과정에 사람에 의해 숲이 황폐해진 수난의 역사도 추적했다. 특히 일제 강점기와 6·25전쟁이 숲에 남긴 상처 그리고 민초와 깊은 산중에 살았던 화전민에 의한 산림 황폐화의 역사를 다루었다. 주린 배를 움켜잡고 벌거숭이가 된 민둥산에 나무를 심어 푸른 숲을 만든 산림녹화의 대장정도 기록했다.

산자락에 마을이 생긴 이래 동네 사람들과 희로애락을 함께하면서 역사의 증인이자 이웃으로 용하게도 살아남은 마을 숲을 거닐었다. 우리 주변에 늘 가까이 있지만 정작 잘 알지 못하는 소나무, 대나무, 차나무뿐만 아니라 국민적 사랑을 받는 커피나무까지, 나무들의 지리, 문화, 생태를 소개했다. 어떤 나무가 국민의 사랑을 받는지, 어떤 나무는 미움과 눈총을 받는지 들여다보았다.

《우리 나무와 숲의 이력서》를 통해 한반도 식생의 자연사, 역사, 문화, 생태, 환경 그리고 미래를 볼 수 있는 새로운 눈을 갖게 되기 바란다.

이 책이 나오기까지 원고를 검토하고 조언해 준 아내 박인화와 딸 정현에게 고마운 마음이다. 책이 세상에 선보이는 데 도움을 주신 청아출판사 이상용 대표께 감사드린다.

또다시 우리 산하의 나무와 숲이 품은 자연사의 궤적을 찾아보기 위해, 생물 다양성의 보물창고에서 일어나고 있는 자연 생태계 변화의 현장을 찾아 떠난다. 산과 들 그리고 섬에 자라는 나무와 숲을 찾아 호기심과 기대를 안고 '담 너머 세상'으로 답사를 나설 때마다 가슴이 항상 설렌다.

도시에 살지만 자연을 꿈꾸면서
공우석

목차

제 1 장

담 너머 세상

어떤 나무와 숲이 왜 그곳에 분포하는지 알려면 호기심을 가지고 식물학, 생태학, 지질학, 지리학, 기상학, 기후학, 해양학, 산림과학, 고고학, 역사학, 민속학, 한의학, 식품학, 서지학 등의 학문적 울타리를 넘나들면서 여러 시각으로 대상을 들여다보아야 한다.

우리나라에서는 유일하다는 지평선을 날마다 바라보며 어린 시절을 보냈기에 초등학교 때 소풍 길에 산에 오르면 그렇게 즐거울 수 없었다. 산을 뒤덮고 있는 누런 황토와 소나무를 보면서 신기한 마음에 어쩔 줄 몰랐던 기억이 있다. 산을 좋아해서인지 식물을 연구하려고 산에 오르는 일이 언제나 즐거웠다.

누구보다도 산을 자주 찾는 편이지만 아직까지 나는 골프채를 잡아 보지도 않았고 스키를 신어 본 적도 없다. 산자락에 돌이킬 수 없는 상처를 내는 공사 현장을 볼 때마다 안타까운 마음이 이어져서 골프나 스키 등을 배우지도 않았다. 물론 내 주변에 이런 운동하는 사람들이 많지만 한 번도 탓해 본 적은 없다. 서로 생각이 다름을 인정하고 존중하며 받아들이는 것이 세상을 평화롭고 조화롭게 살아가기 위한 순리(順理)라고 생각한다.

언제부터인지 주변에서 나를 아는 사람들은 내게 커피를 권하는 일이 거의 없다. 우리가 마시는 커피 한 잔이 생태계와 기후변화에 어떤 영향을 미치는지 이야기하다 보니 요즘은 커피에 관해서 다른 눈으로 나를 보는 것 같다.

커피는 적도에 가까운 열대와 아열대의 우림을 없애고 만든 농장에서 팔아서 돈을 얻으려고 기르는 환금 작물(換金作物, cash crop)이다. 라오스 같은 개발 도상국에서 커피, 카카오, 야자, 열대 과일 등 기호 식품을 대규모로 재배하고자 플랜테이션을 만들면서 열대 우림이 파괴되자 숲이 이어 왔던 지구의 허파 역할에 제동이 걸렸다.

열대 우림이 사라지면서 에너지와 물의 순환 체계에 교란이 생기고, 지구 온난화와 같은 과거 보기 힘들던 기후변화가 이어지고 있다. 열대 우림이 유지하던 지구의 기후 시스템이 무너지면서 생물 다양성의 핵심 지역인 열대의 유전자, 생물종, 생태계에 큰 피해가 나타났다. 열대 우림에 사는 생물에 얼마나 큰 미래 가치가 있는지 밝혀지기도 전에 사라지는 불행한 일이 계속되고 있다. 물론 열대 우림이 사라지면서 태양 복사 에너지를 흡수하고 방출하며 온도와 강수를 조절하는 기능이 제대로 작동하지 않아 지구 온난화와 기상 이변이 끊이지 않는다는 주장도 있다.

자연의 소중함을 깨달은 현명한 소비자는 세상을 자연 친화적이고 생태적인 곳으로 바꿀 수 있다. 그러나 나부터 자연을 아끼고 보전하는 실천을 시작하지 않으면, 그 누구도 내 대신 앞장서지 않을 것이다. 물론 익숙하고 편리한 것을 포기하고 자연환경을 지키는 일에 먼저 나서기는 쉽지 않다. 그럼에도 나 자신보다 미래 세대를 위해 내가 해야 할 일에 앞장서는 행동이 필요하다.

이런저런 이야기를 쓰는 내 마음이 편치 않은 것은 알고 말하는 만큼 실천하는 언행일치와 나부터 시작하는 솔선수범이 쉽지 않기 때문일 것이다.

같은 식물을 보는 다른 눈 **식물지리학**

동물과 식물의 지리적 분포와 다양성을 다루는 생물지리학(生物地理學, Biogeography)은 생물의 공간적 분포와 시간적 변화, 다양성을 환경과 관련해 연구하는 지리학의 한 분야로, 100여 년 전부터 유럽을 중심으로 시작됐다. 우리나라에서는 생물지리학에 대한 관심이 크지 않지만, 한때 식민지를 거느렸던 영국, 프랑스, 네덜란드 등 식민 종주국이나 미국, 독일처럼 과학 기술에서 앞선 나라들은 식물지리학(植物地理學, Phytogeography, Plant Geography) 등 기초 과학이나 인문학에 관심이 많다.

사람 주변에 있는 생물의 종류, 분포, 성질, 생태 등 자연을 두루 살펴서 자연 질서를 이해하고 이를 삶에 응용하는 가장 오래된 학문이 박물학(博物學, natural history)이며, 박물지(博物誌), 자연지(自然誌), 자연사(自然史)라고도 한다.

학문이 발전하면서 분야별 독립성이 강해지고 세분화되자 분야 간 울타리가 높아지고 정보와 지식의 교류가 줄었다. 세상을 이루는 눈에 보이는 사물과 눈에 보이지 않지만 엄연히 존재하는 현상을 종합적으로 보는 자연사적인 사고가 아쉽다.

세상의 섭리를 이해할 때 거미줄처럼 복잡한 네트워크로 얽혀 있는 자연 현상을 분야별로 독립적으로 봐서는 실체를 이해하는데 한계가 있다. 세상을 바르게 보려면 단견적이고 단편적인 시각을 벗어나 시간과 공간을 아우르면서 학문의 담을 허물고 통합적, 입체적 관점에서 담 너머 세상과 소통하고 교류해 현안을 해결하는 융복합적인 접근이 필요하다.

지구 시스템의 구성

지구 시스템을 바르게 알려면 지표 위의 암석권(巖石圈, 땅, lithosphere), 기권
(氣圈, 공기, atmosphere), 수권(水圈, 물, hydrosphere), 생물권(生物圈, 동식물, biosphere), 토양
권(土壤圈, 흙, pedosphere)과 함께 인간이 만들어 낸 경관(景觀)을 알아야 한다.

지구상에 사는 생물권 무게를 모두 합치면 약 10조 톤 정도로, 대기권
의 300분의 1, 수권의 13만 분의 1에 불과하지만, 지구의 생물지화학적(生
物地化學的, biogeochemical) 순환이 유지되는데 매우 중요한 역할을 한다. 생물권
을 기능적인 물질계로 보는 것을 생태계(生態系, ecosystem)라고 한다.

'어느 곳에는 어떤 생물이 사는데 왜 다른 곳에는 같은 생물이 살지 않
는가?'라는 매우 단순하지만 답하기 쉽지 않은 문제를 풀어 가는 것이 생
물지리학이다. 왜 마을 주변에는 소나무가 흔할까? 소나무는 언제부터 우
리 땅에 살기 시작했을까? 왜 마을 주변의 소나무는 곧지 않고 구부러져
자랄까? 이런 여러 질문에 답하고 문제를 해결하는 것이 식물지리학의 관
심사이다.

굽은 모습의 소나무, 전북 남원

식물지리학이 무슨 도움이 될까

생물의 종(種, species)은 서로 결합해 번식할 수 있으나 다른 집단 개체와는 번식할 수 없는 개체를 말한다. 지구상에는 적어도 35만여 종의 식물과 120만여 종의 동물이 있는 것으로 알려졌다. 종보다 아래 계급에는 아종, 변종, 품종 등이 있다.

아종(亞種, subspecies) 린네식 계층 생물 분류 체계에서 종 아래 있는 계급. 고유 특징을 함께 가진 같은 종이지만 지리적 분포역(分布域)이 다르거나 환경에 다르게 적응해 형태가 다르다. 잠재적으로는 교배할 수 있다.

변종(變種, variety) 개체군 중에서 기본적으로는 같은 종이지만 기준 표본 종과 형태 일부분이나 생리적 성질에 분명하게 차이가 있다. 예를 들어 고추와 피망처럼 기본 유전자는 같지만 자연적인 돌연변이로 성질과 형태가 달라져 새로운 특징이 나타난 경우가 있다.

품종(品種, form) 분류의 가장 하위 계급 중 하나로 기본종에서 돌연변이 형질이 발견됐으나 그 특성이 고정되지 않아 유전되어 이어지지 않는 경우이다. 1개 이상의 표현형 또는 유전자형이 달라서 같은 종 내 다른 집단과는 분명히 구별되는 집단이다.

우리나라에는 어떤 대나무들이 자랄까? 어떤 대나무가 어디에 어떻게 왜 분포할까? 지리산 대나무는 왜 종류별로 자라는 고도가 다를까? 동서 남북 방위에 따라 분포와 자라는 모습이 어떻게 다를까? 대나무는 지리산 자락 사람들에게 어떤 의미일까?

대학원에서 석사 학위 논문을 준비하면서 여러 궁금증을 품고 지리산을 오르기 시작했다. 그때부터 지금까지 30년 이상 한라산, 지리산, 설악산 등 국내외 높은 산들을 오르내리고 있다. 처음에는 50살이 될 때까지만 다니겠다고 마음먹었는데 여러 질문에 대한 해답과 대안을 찾으려는 마음에 아직도 산을 오르내리고 있다.

고등학교 시절 처음 한라산에 오를 때는 별 생각 없이 정상을 밟겠다는 욕심 하나로 산행을 시작했다. 공부를 시작한 뒤로는 산에서 일어나는 자연 생태계 변화를 관찰하고 측정하고자 하는 목적으로 답사하고 있다. 우리 국토를 바르게 알려면 비교가 되는 다른 나라 산과 섬도 부지런히 봐야 하기 때문에 여러 나라 오지와 높은 산을 주로 다닌다. 한참 연구에 몰두하던 젊은 시절에는 답사에 대한 기대와 조사를 통해 결과를 얻어야 한다는 무거운 부담을 함께 배낭에 지고 산을 드나들었다. 그러나 이제는 산에서 식물을 관찰하며 자연의 섭리를 배우고 인생을 공부하고 있다. 높은 산을 찾는 것은 육체적으로 쉽지 않지만, 자연 속에서 내 자신을 가다듬을 수 있는 좋은 기회이기도 하다.

요즈음은 산과 섬에 자라는 식물의 공간적인 분포와 시간적인 변화 그리고 인간을 비롯한 환경과의 관계를 살피려는 마음으로 숲과 나무를 들여다본다. 한반도 숲의 원래 모습은 어땠을까? 시간이 지남에 따라 우리 숲은 어떤 모습으로 바뀌었을까? 오늘날 우리 산과 들, 섬에 자라는 나무들은 언제부터 이 땅에 살기 시작했을까? 어떤 나무가 토종이고, 어떤 나무를 외래 수종이라고 부를까? 사람들은 나무를 어떻게 이용하고 교란했을까? 지구 온난화가 계속되면 우리 나무와 숲에는 어떤 변화가 나타날까?

이처럼 간단하지 않은 문제에 대한 해답을 찾고자 전국의 산과 섬으로 떠나는 답사가 항상 설레는 것은 산과 나무, 숲을 아끼는 마음이 크기 때문일 것이다. 몇 년 전부터는 과거 우리나라처럼 가난과 혼란을 겪고 있는 개발 도상국의 환경과 생태계 문제를 풀 수 있는 해법을 찾으려고 여러 나라로도 답사를 떠난다.

한반도 유라시아 대륙과 태평양을 이어 주는 땅

남북한을 아우르는 우리나라는 지리적으로 반도(半島, peninsula) 형태의 나라다. 한때 외세가 비뚤어진 눈으로 '반도 근성' 운운하며 반도라는 땅을 낮추어 보았던 때도 있었다. 역사를 거슬러 가면 미국, 중국, 일본, 러시아, 몽골 등 열강에 둘러싸인 지리적 위치 때문에 한반도에서는 정치, 군사, 경제적인 갈등과 대립이 이어졌고, 아직도 그런 상황은 계속되고 있다. 한편에서는 한반도의 지리적인 위치를 부정적 혹은 비관적으로 보는 숙명론적인 견해도 있었다.

역사적으로도 우리는 한반도 입지를 활용해 세계와 소통하고 진출하기보다는 외세의 침략을 막기에 급급해서 반도가 가진 지리적 잠재력을 활용하지 못했다. 그러나 세상을 보는 눈을 달리하고, 발상을 바꾸어 보면 반도만큼 지정학적으로 좋은 입지도 없다. 한반도는 드넓은 유라시아 대륙과 망망대해가 펼쳐진 태평양을 연결하는 다리이다. 전략적으로 중요한 통로이며, 동서와 남북, 대륙과 대양을 연결하는 고리로 더할 나위 없이 좋은 입지이다. 물론 현재는 남북이 분단되면서 섬과 다름없이 살고 있지만, 통일이 된다면 새로운 도약을 기약할 수 있을 것이다.

반도는 지형적으로 삼면이 바다로 둘러싸여 있고 대륙과 연결된 땅으로, 라틴어 '파이닌술라(paeninsula)'가 어원이다. '파이네(paene)'는 거의(almost)를 의미하고, '인술라(insula)'는 섬(island)을 뜻한다. 세계사적으로 보면, 반도에 위치한 국가들은 모두 정치, 경제, 사회, 문화 등 여러 분야에서 다른 지역보다 한발 앞서 있었다.

유럽에서 고대 그리스 문명을 꽃피웠던 발칸반도의 그리스, 찬란한 로마 문화를 이룩한 이탈리아반도의 이탈리아, 동서양을 넘나들며 제국을 꿈꾸었던 아나톨리아반도의 터키, 제국주의라는 깃발 아래 전 세계로 식민지를 넓혔던 이베리아반도의 포르투갈과 스페인 등이 대표적이다. 중앙아메리카 유카탄반도에서 번성한 마야 문명도 반도라는 지리적 위치를 활용했다.

오늘날에도 스칸디나비아반도의 노르웨이, 스웨덴과 핀란드, 덴마크 등과 같은 반도 국가들은 세계적인 경쟁력과 협상력을 가진 강소국(强小國)이다. 아시아의 우리나라, 말레이반도 끝자락에 위치한 싱가포르, 주룽반도를 품은 홍콩도 지리적인 입지를 활용해 경제적 부흥을 이룩했다. 반도는 아니지만 대륙과 해양을 이어 주는 매듭과 같이 주어진 입지를 최대한 활용해 유럽연합(EU) 내 중요한 기구를 유치하고 번영을 이루는 나라들이 있다. 서유럽의 작은 나라인 벨기에, 네덜란드, 룩셈부르크 등이 그 주인공으로, 전략적 위치를 활용해 여러 국제기구를 유치하고 유럽 내에서 사람과 물류를 이어 주는 허브(hub) 역할을 한다.

한반도는 유라시아, 일본 그리고 태평양 너머 아메리카와 오세아니아 등을 연계하는 징검다리이면서 동아시아 강대국 사이에서 국가 간 교류를 증진하고 이해관계를 조율하는 사랑방이나 광장이어야 한다. 이를 위해 동아시아와 국제적 현안을 다루는 기구 등을 유치하고 인구와 물류, 자본의 집결지이자 이동 통로가 되어야 한다. 동아시아는 EU, 러시아권, 북미, 동남아시아국가연합(ASEAN), 아랍 등 지역 블록 또는 공동체와 경쟁해야 하는 입장이지만, 정치, 경제, 군사, 역사, 문화 등의 이유로 국가 간에 협력하고 공동으로 번영하려는 공감대가 적은 편이다.

여러 이유로 동아시아 국가 사이에서 단기간에 상호 이해관계의 차이를 극복할 만한 공통분모를 찾는 것은 쉽지 않지만, 지역의 발전적인 미래를 위해서는 상생할 수 있는 새로운 모델을 찾아야 한다. 동아시아 국가들은 상호 이해관계가 충돌하지 않는 비정치, 경제, 군사적인 부문부터 교류 협력을 시작해야 한다.

기억하는 사람이 매우 적겠지만, 5월 22일은 유엔(UN)이 정한 '생물 다양성의 날'이다. 생물 다양성(生物多樣性, biodiversity)이란 생물종, 생태계, 유전자의 다양성을 모두 이르는 말이다. 지구상에는 적어도 약 1,250만 종의 생물이 살고 있다. 인류는 음식물, 의약품, 산업용 재료를 생물로부터 얻어 왔기에 생물 다양성은 우리 생활에 매우 중요하다. 현재 미국에서 조제되는 약품의 25%가 식물 성분을 포함하며, 3천 종류 이상의 항생제를 미생물에서 얻고 있다. 또한 개발 도상국 인구의 80%는 동식물에서 추출한 의약품에 의존하며, 동양의 전통 의약에서는 5,100여 종의 동식물을 재료로 사용한다.

동아시아의 기후변화 취약종 보존과 복원을 위한 기초 정보 및 자료의 확보와 협력 연구 활동을 위해 우리나라, 러시아, 일본, 중국, 몽골 등 5개국이 힘을 합쳐 만든 기구가 동아시아생물다양성보전네트워크(EABCN, East Asia Biodiversity Conservation Network)이다. 동아시아 여러 나라가 대립하고 갈등하기보다는 '담 너머 세상'을 넘나들면서 서로 협력하고 공동 번영을 추구하는 모델이 되기를 기대해 본다. 한반도는 대륙과 대양을 이어 주는 징검다리 역할을 하고, 동아시아 내 생물 다양성을 유지하고 취약종을 보전하는 허브 역할을 할 수 있도록 노력해야 한다.

제 2 장

식물을
지도 위에 그리다

여행을 떠날 때 출발지와 목적지를 각각 하나의 점으로 두고, 이
동하는 경로를 이어 보면 자연스럽게 선이 만들어진다. 따라서
여러 곳을 들리게 되면 우리는 일정한 공간을 둘러보는 것이 된
다. 마찬가지로 어떤 식물이 자라는 곳을 지도 위에 나타내면 점
이 되고, 분포하는 두 지점을 이으면 선이 되며, 세 지점의 끝을
연결하면 면이 된다. 여행하는 동안 눈에 띈 식물의 종류와 위치
를 지도 위에 그린 것이 바로 식물 분포도다.

지도에 그린 식물의 주소 **식물 분포도**

한 지점에 자라는 식물을 지도 위에 나타내면 점 분포도(点分布圖, dot map)가 되고, 한 생물이 나는 두 지점을 연결하면 선 분포도(線分布圖, line map)가 만들어진다. 분포 지점이 모인 것을 어떤 기준에 따라 정리하고, 그 바깥 가장자리를 선으로 연결해서 하나의 지역을 둘러싸고 있으면 분포역(分布域, range) 또는 분포권(分布圈)이라 한다. 어떤 식물이 분포하는 곳을 지도 위에 그리면 분포도(分布圖, distribution map)가 된다.

분포도를 그려 보면 생물이 연속적으로 분포하는지 불연속적으로 자라는지 알 수 있다. 불연속 분포(不連續分布, discontinuous distribution)는 생물이 서식하는 장소가 서로 멀리 떨어져 격리(隔離, disjunct)되어 있을 때이며, 서로 가까이 있어 유전자 교환이 일어나는 연속 분포(連續分布, continuous distribution)와 반대되는 말이다. 불연속 분포의 대표적인 예는 북아메리카 대서양 연안과 아시아에 자라는 격리되어 분포하는 등나무속Wisteria, 목련속Magnolia

점 분포도   분포선   분포역

분포도의 유형 (공우석, 2007)

등이다. 불연속 분포는 한때 서로 이어졌던 분포역이 대륙 이동, 단층 운동, 해수면 변동, 기후변화 등 자연사적인 원인이나 도로 건설, 댐 건설 등 개발로 분리돼 나타난다. 불연속 분포 경향이 뚜렷한 경우를 격리 분포(隔離分布, disjunctive distribution)라고 한다.

생물 분포역은 기후, 토양, 지형, 생물의 상호 작용 등 복잡한 요인들이 작용해 만들어진다. 환경 요인의 영향을 받아 다양한 모습으로 분포하는 지구상 생물은 지리적 분포역이 매우 넓은 광 분포종(廣分布種, cosmopolitan)과 분포역이 좁고 특정 지역에만 존재하는 특산종(特産種, endemic species) 등으로 나눌 수 있다. 광 분포종은 환경에 대한 적응력이 높아 넓은 지역에 분포하는 생물로, 범존종(汎存種)이라고도 한다.

생물지리학적으로 광 분포종은 두 대륙 이상에 걸쳐 있는 종을 말한다. 지구상 육지 절반 이상에서 자라는 고등식물은 겨우 19종뿐이며, 분포역이 육지의 약 3분의 1에 이르는 식물은 100여 종에 불과하다. 식물에서 광 분포종은 하위 분류군이 많은 수생 생물이나 습지 생물에서 널리 나타난다. 대표적인 광 분포종은 주변에서 흔하게 볼 수 있는 좀개구리밥, 개구리자리, 질경이, 개망초, 갈대 등 식물과 쥐, 파리, 모기, 바퀴벌레, 제비, 기러기, 오리류 등 동물로 번식력, 산포력 또는 이동성이 높은 종이다.

분류군(分類群, taxa) 다른 것과 구별돼 각각 개별 단위로 취급되는 분류학상 생물군이다. 분류군에는 계(界)에서 아종까지의 위계가 있고, 하나의 분류군은 단계적으로 그보다 하위 단계 분류군 여러 개를 포함한다. 계, 문, 강, 목, 과, 속, 종과 같은 생물 분류의 각 단계에는 다수의 분류군이 있으며, 각 분류군은 다시 그 하위 단계에 여러 개의 분류군으로 나뉜다.

식물이 분포하는 곳이 오랜 시간에 걸쳐 서로 멀어진 후에는 유전자가 교류되지 않으면서 그곳에만 자라는 종으로 진화해 특산종 또는 고유종(固有種)이 된다. 생물이 오랫동안 격리되면 그 지역 환경에 적응해 종이 만들어져 특산종이 되므로 장기간 격리된 지역일수록 특산종이 많다.

아프리카 대륙 가장 남쪽 끝에 위치하며, 사막으로 외부 세계와 오랫동안 격리된 남아프리카 공화국 케이프 식물지리구는 전 세계적으로 특산 식물종이 가장 많이 분포하는 지역 중 하나이다. 케이프 식물지리구에는 9천여 종의 유관속식물이 분포하는데, 그 가운데 69%가 여름은 고온 건조하고 겨울은 온난 습윤한 지중해성 기후에 적응했다. 9천여 종 식물 가운데 6천여 종이 이곳에서만 자생하는 특산식물이다. 산불에 적응한 관목이 우점(優占, dominant)하는 식생이 페인보스(fynbos)다.

한 지역에 나타나는 특산식물의 비율이 얼마나 높은지는 그 지역의 특이성, 역사성을 비롯해 특히 지역 식물상이 주변 지역과 어떤 관계를 가지고 만들어졌는지 알려 준다. 섬의 경우 육지로부터 분리된 시기를 아는 데 결정적인 자료이기도 하다.

전파나 이동 능력이 약한 생물일수록 일부 지역을 중심으로 제한적으로 자라며 특산종이 되기 쉽다. 출현 시기에 따라 어떤 지역에서 분화해 아직 분포 지역을 넓히지 못한 종이 신특산종(新特産種, neo-endemics)으로, 우리나라에 자라는 구상나무, 금강초롱, 모데미풀, 미선나무 등이 대표적인 신특산식물이다. 과거에는 널리 분포했지만 어떠한 원인 때문에 분포 지역이 축소돼 특정한 지역에서만 오랫동안 자라는 종이 고특산종(古特産種, palaeo-endemics) 또는 유존 특산종(遺存特産種, relict endemics)이며, 은행나무(Ginkgo biloba), 목련(Magnolia kobus) 등이 대표적이다.

케이프 식물지리구의 특산 식생 페인보스, 남아프리카공화국 케이프타운 테이블 마운틴

식물이 자라는 분포역 범위에 따라 잣나무, 눈잣나무, 은행나무 등처럼 동아시아에 넓게 자라는 특산종과 설악산 눈주목, 한라산 제주조릿대, 우리나라 남부 아고산대에 자라는 구상나무처럼 매우 좁은 장소에만 나타나는 특산종이 있다. 이러한 특산종은 생물 다양성 측면에서 중요한 자연 자산일 뿐만 아니라 지역 자연사와 환경적 특성을 나타내는 지표로서 가치가 높으므로 보전해야 한다.

식물을 보는 지리적인 눈

여러 사람이 있으면 같은 대상을 놓고 서로 다르게 보는 경우가 많다. 소나무 한 그루를 두고도 관심사가 다르면 시, 그림, 생태계, 산림, 공예품, 건축물, 경제, 건강, 버섯, 문화 등 보는 관점도 다르다.

동식물의 분포와 다양성을 생물지리적인 눈으로 바라볼 때는 여러 단계를 거치게 된다. 먼저 지표 위에 규칙적이거나 골고루 퍼져 자라지 않고 불균등하게 분포하는 동식물의 지역적 분포와 다양성을 설명할 수 있는 가설을 세운 뒤 자세히 관찰해야 한다. 아울러 관심을 갖고 있는 주제와 관련된 많은 자료 및 정보를 수집해 목적에 따라 분류하고 자료 품질을 동정하고 평가한 뒤 확인된 내용을 자세히 기술한다. 이어서 조사한 내용을 공간상에 표현할 수 있도록 정리해 기록한 뒤 저장하고 분석한다. 이를 바탕으로 관심 있는 동식물의 분포도를 만든다.

생물의 지리적 분포와 다양성 차이를 바탕으로 분포 유형을 알아내고 여러 축척에서의 공간적 정보를 얻는다. 아울러 분포하는 생물의 구조, 기능, 형태를 분석해 그 안에 있는 질서인 계층(階層, hierarchy) 구조를 알아낸다. 이어 지질 시대부터 역사 시대에 이르는 동안의 시계열적(時系列的, temporal) 형성 과정과 관련된 동태(動態, dynamic)를 복원한다.

이어서 생물 분포에 영향을 미치는 지형, 기후, 토양, 물 등 물리적 환경과 경쟁하는 종, 도움을 주는 종 등 생물적 환경을 파악하고 관련된 기작(機作, mechanism)을 분석해 환경과의 관계를 밝힌다. 이러한 과정을 통하면 지

역에 나타나는 눈으로 볼 수 없는 현상과 눈으로 볼 수 있는 사물이나 경
관을 설명할 수 있고, 동식물을 바탕으로 그 지역이 갖는 고유한 특성인
지역성을 알 수 있다.

생물지리학적 접근 방법 (공우석, 2007)

모으고 나누고 **식물상과 식물지리구**

식물상(植物相, flora, 어떤 지역에 자라는 모든 식물 종류를 통틀어 부르는 것으로, 그 지역 식물상은 현재의 환경 조건뿐만 아니라 과거로부터 만들어진 진화의 산물이다)을 기초로 해 다양한 식물이 자라는 지역을 비슷한 식물 군락으로 구분하면 하나의 지역 구분이 만들어진다. 지역에 분포하는 식물을 과(科, family)와 같은 높은 분류군 단위로부터 속(屬, genus), 종(種, species)과 같은 낮은 분류군으로 나누고, 그 지역에만 자라는 특산식물 특산율을 바탕으로 세계 지도를 몇 개의 지역으로 나누면 식물지리구(植物地理區, floristic region)가 그려진다.

식물 분포를 근거로 비슷한 특성을 갖는 세계를 나눈 식물지리구를 그려 널리 알려진 학자는 로널드 굿(Ronald Good, 1896~1992)과 아르멘 타크타잔(Armen Takhtajan, 1910~2009) 등이다. 굿은 세계의 식물지리구를 전북구(Holarctic Kingdom), 구열대구(Palaeotropical Kingdom), 신열대구(Neotropical Kingdom), 남아프리카구(South African Kingdom), 오스트레일리아구(Australian Kingdom), 남극구(Antarctic Kingdom)로 나눈 뒤 6개 구를 다시 자세히 나누었다.

우리나라를 포함해 북반구 대부분 지역을 포함하는 전북구는 북극권을 둘러싸고 있는 주극 지역(Circumpolar Region), 동아시아 지역(Eastern Asiatic Region), 북아메리카 대서양 지역(North American Atlantic Region), 로키산맥 식물상 지역(Rocky Mountain Floristic Region), 북미 건조 지역(Madrean Region), 동아프리카 도서 지역(Macaronesian Region), 지중해 지역(Mediterranean Region), 사하라 아라비아 지역(Sahara-Arabian Region), 이란 터키 지역 (Irano-Turanian Region) 등으로 나뉜다.

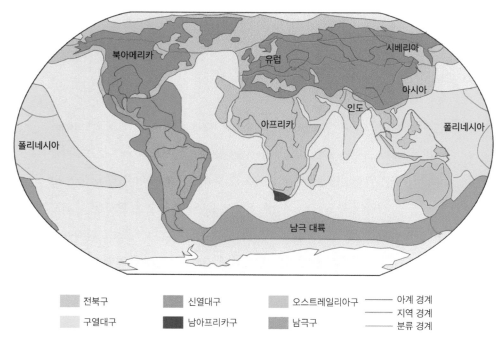

전북구	신열대구	오스트레일리아구	── 아계 경계
구열대구	남아프리카구	남극구	── 지역 경계
			── 분류 경계

세계의 식물지리구 (Good, 1948)

동아시아 지역에는 중국, 한반도, 일본 열도가 포함돼 있으며 흔히 중화식물구계(中和植物區系, Sino-Japanese Region)이라고 부른다. 그러나 중화식물구계는 정작 한반도 식물 분포상의 중요성과 가치를 평가하지 못하고 중국과 일본 사이에 위치하는 점이 지역(漸移地域, transitional region) 정도로만 취급하고 있어 아쉽다.

우리나라에 분포하는 유관속식물(維管束植物, Tracheophyta)의 종 다양성은 2017년 기준 약 4,518종으로, 지구상에 분포하는 종의 약 2%를 차지한다. 유관속식물은 줄기, 잎, 뿌리 등 각 기관을 통하는 다발 조직을 지닌 식물이다. 포자가 퍼지며 자라는 양치식물과 씨앗으로 번식하는 종자식물이 있으며, 솔잎란, 석송, 설엽, 양치, 종자식물 등의 아문(亞門, sub-division)으로 이루어져 있다. 그러나 끊임없이 사람으로부터 간섭과 교란을 받아 매년 전체 산림의 0.1%인 67㎢ 정도가 사라지고 있다.

한반도에는 온대 기후 다른 지역에 비해 기원을 달리하는 여러 식물이 어우러져 자라고 있으며, 식물상은 다섯 가지로 이루어졌다.

극지 요소(極地 要素, arctic element) 약 258만 년부터 시작된 신생대 제4기 빙하기 때 지금보다 훨씬 한랭했던 북쪽 추위를 피해 한반도로 들어와 지금은 고산대에 살아남은 빙하기의 유존종(遺存種, relict species) 또는 잔존종(殘存種)을 말한다. 상록활엽관목인 월귤, 가솔송, 돌매화나무, 시로미와 초본류인 두메아편꽃 등이 있으며, 지금은 높은 산을 중심으로 분포한다.

동아시아 요소 한반도, 중국 동북부, 러시아 연해주 등 여름은 무덥고 비가 많지만 겨울은 춥고 건조한 동아시아 지역 온대 기후에 적응해 공통적으로 자라는 식물종이다. 대표적인 동아시아 나무로는 상록침엽수인 분비나무, 잣나무, 가문비나무, 낙엽침엽수인 잎갈나무 또는 이깔나무 등과 낙엽활엽수인 신갈나무, 떡갈나무 등이 있다.

온대 남부 요소 크게 춥지 않고, 신생대 제3기(기원전 6,500~258만 년 전)부터 오랜 기간 안정된 기후 조건이 유지돼 온 온대 기후 지역(한반도 남부, 중국 남부, 일본 등)에 공통적으로 자라는 종이다. 낙엽활엽수인 서어나무, 느티나무, 호두나무, 감나무 등이 있다.

우리나라 특산속 미선나무, 충북 괴산

아열대 요소 고온 다습한 열대나 아열대를 기원으로 하는 식물종. 오늘날보다 온난 다습했던 시기에 한반도로 유입된 늘푸른넓은잎나무인 가시나무, 소귀나무, 동백나무 등으로, 한반도 남단이나 남해 도서 지방에 주로 자라는 난대성 상록활엽수로 이루어졌다.

특산 요소 한반도에만 자라는 특산종으로, 부전바디, 섬바디, 운봉금매화, 매미꽃, 검산초롱꽃, 참나래새, 콩제비란 등 640여 종에 이른다.(교

육도서출판사, 1963) 관다발식물 가운데 특산속 또는 고유속은 금강인가목
Pentactina, 개느삼*Echinosophora*, 미선나무*Abeliophyllum*, 금강초롱꽃*Hanabusaya*, 모데미
풀*Megaleranthis* 등이며, 특히 미선나무속은 세계에서 1속 1종밖에 없는 우리
나라 특산식물이다. 특산식물이 주로 분포하는 곳은 높은 산이 섬처럼 드
문드문 나타나는 북부 및 남부 고산대와 아고산대, 남북의 식물이 서로 만
나는 금강산에서 설악산에 이르는 중부 산악 지대, 주된 산줄기로부터 떨
어져 있는 서해안 산지, 식물 종자의 산포와 교류에 제한이 많은 멀리 떨
어진 섬이다.

한반도 식물지리구

한반도 면적은 약 22만km²으로, 약 4,500여 종의 유관속식물이 자생한다. 반면 약 24만km² 면적의 영국에는 1,400여 종의 유관속식물이 자생한다. 이처럼 유라시아 대륙 동쪽 끝에 있는 한반도가 유라시아 대륙 서쪽 끝에 위치한 영국에 비해 세 배 정도 많은 식물 다양성을 가진 이유는 무엇일까?

한반도가 북반구 중위도 다른 지역에 비해 식물종이 풍부하고 특산종 비율이 높은 것은 시간과 공간을 달리하면서 다양한 자연환경이 이어졌음을 나타낸다.

첫째, 한반도는 유라시아 대륙 동쪽 끝, 북위 42° 2′~33° 4′에 위치해 남북으로 높고 낮은 산과 들, 해안이 길게 펼쳐져 있어 다양한 생물을 아우를 수 있는 공간이 존재한다.

둘째, 한반도 면적 약 65%를 차지하는 주된 산줄기와 가지 산줄기가 서로 이어지고, 서해안, 남해안에 퍼져 있는 약 4천여 개의 크고 작은 섬과 습지 환경 등은 많은 식물이 자랄 수 있는 공간을 만들어 주었다.

셋째, 한반도는 연평균기온이 16℃인 남쪽 제주도부터 5℃인 북부 산악 지대까지 다양한 기온 범위에 걸쳐 있다. 연평균강수량 3천mm를 넘는 제주도와 남해안부터 1천mm 미만의 북부 지방까지 지역마다 강수량 차이가 크다. 이에 따라 제주도의 난대부터 북한 고산대의 한대까지 다양한 기후대가 나타나 서로 다른 많은 식물이 자란다.

넷째, 한반도는 일부 지역을 빼고는 지진이나 화산 활동이 심하지 않았고, 신생대 제4기 빙하기 동안에도 대규모의 빙하가 발달하지 않았다. 따라서 신생대 제3기 식물 등 오랜 역사를 가진 생물들이 지금까지 자라고 있다.

다섯째, 한반도는 지금보다 기후가 훨씬 한랭했던 약 258만 년 전에 시작돼 1만 2천 년 전에 끝난 신생대 제4기 플라이스토세 빙하기에 유라시아 대륙과 우리나라 주변 섬, 일본 열도를 연결하는 생물의 이동 통로 역할을 하고 추위를 피해 살아남을 수 있는 피난처로 이용되면서 식물종 다양성이 풍부해졌다.(공우석, 2007, Gavin, et al, 2014)

한반도에 자라는 4,500여 종 고등식물의 분포 유형과 분포 범위를 나타낸 식물지리구를 그리면, 이 땅에 식물이 살게 된 역사를 복원하고 지역의 현재 환경 특징을 이해하며 자연 생태계의 미래를 예측할 수 있다.

한반도에 분포하는 식물의 분포 유형을 기초로 지역을 나눈 식물지리구를 살펴보면 나카이 다케노신(中井猛之進, 1882~1952)이 5개 식물구계(1935), 미클로스 우드바르디(Miklos Udvardy, 1919~1998)는 3개 식물구계(1975), 오수영은 7개 구역(1977), 이우철, 임양재는 8구역(1978), 공우석은 8개 식물지리구(1989)로 나누었다.

식물구계나 식물지리구는 지역에 분포하는 식물을 기준으로 비슷한 특성을 갖는 지역을 하나의 지역으로 묶은 지역 구분으로, 지역의 자연사와 환경 특성을 아는 데 중요한 열쇠가 된다.

<표> 식물지리구

연구자	연도		식물 지역 구분
나카이	1935	5개 식물구계	북부 식물구계, 중부 식물구계, 남부 식물구계, 제주도구, 울릉도구 등
우드바르디	1975	3개 식물구계	만주-일본 혼합 삼림 지역, 동양 낙엽 삼림 지역, 일본 상록 삼림 지역 등
오수영	1977	7개 구역	전국 분포형, 백두산 분포형, 북부 분포형, 중남 부분 분포형, 남부 도서 분포형, 제주도 분포형, 울릉도 분포형 등
이우철 임양재	1978	8개 구역	갑산아구, 관북아구, 관서아구, 중부아구, 남부아구, 남부해안아구, 제주도아구, 울릉도아구 등
공우석	1989	8개 식물지리구	북부 고산 지역, 북남 아고산 지역, 중부 산악 지역, 남부 산악 지역, 중서부 도서 지역, 남부 도서 지역, 서남동해 도서와 연관 내륙 지역, 북남 격리 지역 등

Kong, 1994a

위도와 고도가 달라지고, 해안에서 내륙으로 가면서 기후, 토양 등 환경이 달라지면, 그 영향으로 세계의 식생은 기후대처럼 띠와 같은 모양으로 나타난다. 특히 기온과 강수량은 식물의 생장과 분포에 크게 영향을 미쳐서 위도에 따라 적도에서 극지까지 다양한 식생대(植生帶, vegetation zone)가 발달한다.

열대, 아열대 지역처럼 기온이 아주 높고 비가 충분히 내리는 곳에는 울창한 열대 우림(熱帶雨林, tropical rainforest) 또는 열대 다우림(熱帶多雨林)이 나타난다. 기온이 높고 비가 알맞게 내리는 난대 지역에는 늘푸른넓은잎을 가진 상록활엽수대(常綠闊葉樹帶, evergreen broadleaved tree zone)가 발달한다. 여름에 기온은 높지만 건조한 지역에는 올리브와 아몬드 같은 작고 두터운 늘푸른잎을 가진 상록경엽수대(常綠硬葉樹帶, evergreen sclerophyllous tree zone)가 나타난다. 계절별 기온 차이가 크고 강수량이 적당한 온대 지역에는 가을에 낙엽이 지는 낙엽활엽수대(落葉闊葉樹帶, deciduous broadleaved tree zone)가 흔하다. 고위도 지역에 위치한 아한대 지역은 기온이 낮아 타이가(taiga)라고도 부르는 상록침엽수대(常綠針葉樹帶, evergreen coniferous tree zone)가 자란다. 극지에 가까워지면 교목이 자라지 못하고 관목이나 초본류가 자라는 툰드라대(tundra zone)가 나타난다. 툰드라 식물은 키가 작고, 여럿이 뭉쳐 카펫이나 쿠션 모양으로 무리지어 자라며, 잎이 작고 가늘다. 때에 따라서는 상록활엽성의 두꺼운 잎을 가지며, 땅 위에 가깝게 달라붙어 자라고, 아름다운 색깔을 갖

고 생리 생태적으로 열악한 고산이나 극지 환경에 적응해 살고 있다.(이성규,

김정명, 2003, 공우석, 2005)

고위도로 갈수록 기온이 낮아지는 것은 북쪽으로 갈수록 태양의 복사

량이 적기 때문이다. 산지에서는 고도가 높아지면서 대기 외부에서 열이

드나들지 않는 채로 물체 부피가 팽창하는 현상인 단열 팽창(斷熱膨脹, adiabatic

expansion)으로 100m 올라갈 때마다 기온이 0.6℃ 정도씩 내려가 추워지고

강수량이 증가한다. 위도와 해발 고도에 따라 온도가 달라지면서 지구상

에는 띠 모양의 수평적 식생대와 수직적 식생대가 나타난다. 식생대별 기

온과 강수량 등 기후, 토양, 식물 등 특성은 아래 표와 같다.

\<표\> 식생대의 환경과 생태

식생대	분포 지역	기온(℃)	강수량(㎜)	토양
열대 우림	남미 아마존강 유역, 대서양 연안 중앙아메리카, 아프리카 서부 해안, 콩고강 유역, 말레이반도, 필리핀, 뉴기니, 오스트레일리아 북동부, 태평양 도서 등	연평균 최고 기온 30~35 연평균 최저 기온 18~27	1,250~ 12,500	라테라이트
맹그로브	동남아시아, 오스트레일리아 북부, 멜라네시아, 중앙아메리카, 남아메리카 열대 해안	열대 우림과 비슷	열대 우림과 비슷	간석지 토양
사바나 숲	태평양 연안 중앙아메리카, 아마존강 유역 남부, 브라질 고원, 동부 및 중앙아프리카 북부, 마다가스카르, 인도, 동남아시아, 오스트레일리아 등	우기 최고 기온 24~32 최저 기온 18~27 건기 최고 기온 30~40 최저 기온 21~27	250~1,850	라테라이트
온대초원	북아메리카 중부, 동유럽, 서아시아 중부, 아르헨티나, 뉴질랜드 등	겨울 최고 기온 -18~18 최저 기온 -45~10 여름 최고 기온 21~49 최저 기온 -1~1	300~2,000	흑색 프레리 토양 체르노젬 밤색토 갈색토

사막	북아메리카 서남부, 페루와 칠레 북부, 북아프리카, 아라비아반도, 서남아시아, 동아프리카, 남서아프리카, 오스트레일리아 중부 등	연 최고 기온 27~57℃ 연 최저 기온 2~24℃	0~250	적색 사막토 모래 암석 염분 많은 토양
온대 우림	북아메리카 북서부 태평양 연안, 북아메리카 북서부, 칠레 남부, 오스트레일리아 남동부, 태즈메이니아, 뉴질랜드 서부 해안, 남아프리카 남서부 등	겨울 최고 기온 2~10 최저 기온 -4~7 여름 최고 기온 13~21 최저 기온 10~18	1,250~8,750	유기물층 두꺼운 포드졸
상록경엽 활엽수	지중해 연안, 남아프리카 케이프 지방, 오스트레일리아 남동부, 미국 캘리포니아 중남부, 칠레 중부 등	겨울 최고 기온 10~24 최저 기온 2~10 여름 최고 기온 18~40 최저 기온 13~27	250~850	테라로사
낙엽활엽수	동부아시아, 미국 동부, 북서 유럽 등	겨울 최고 기온 -2~21 최저 기온 -29~7 여름 최고 기온 24~38 최저 기온 16~27	650~2,250	갈색 삼림토 회갈색 포드졸 적황색 포드졸
북방 침엽수	북아메리카 북부, 유럽 북부, 아시아 북부 북방림	겨울 최고 기온 -37~-1 최저 기온 -56~-9 여름 최고 기온 10~21 최저 기온 -7~13	350~1,000	전형적 포드졸 늪지 토양 영구 동토층
산악 지대 침엽수	북아메리카 서부, 동부산지, 유라시아 대륙 북부, 산악 지대 산지림	겨울 최고 기온 -19~16 최저 기온 -48~2 여름 최고 기온 7~27 최저 기온 -7~16	350~2,500	포드졸 토층 얇고 바위 노출
고위도 툰드라	북아메리카 북부, 그린란드, 유라시아 북부 등	겨울 최고 기온 -40~-7 최저 기온 -57~-18 여름 최고 기온 2~16 최저 기온 -1~7	250~750	암석 습한 토양 갈색 토양 영구 동토층 구조토

고산 툰드라	북아메리카 서부, 애팔래치아 산맥 북부, 유럽 산지, 아시아 산지, 안데스, 아프리카 화산, 뉴질랜드 등	겨울 최고 기온 -31~-1 최저 기온-51~-12 여름 최고 기온 4~21 최저 기온 -9~2	750~2,000	바위 습한 토양 주빙하성 지형 영구 동토층

식생(植生, vegetation)은 어떤 장소에 자라는 식물 집단을 이른다. 한반도 식생 분포는 삼림(森林, forest, 나무가 빽빽하게 많이 있는 숲)에 기초해 전국을 한대림, 온대림, 난대림 등 3개에서 많게는 5개 식생대로 나누었다. 그러나 엄밀한 의미에서 한대, 온대, 난대는 기후대를 나타내는 것으로, 기후대에 숲을 뜻하는 림(林)을 더해서 온대림 등으로 부르는 것은 식생대로 적절한 표현이 아니다.

한반도에서는 위도에 따른 기후 차이로 식생대가 달라진다. 수평적으로 북쪽에서부터 한대 상록침엽수대, 온대 낙엽활엽수대, 난대 상록활엽수대가 나타난다. 아울러 고도에 따라 제주도에서는 낮은 고도 상록활엽수대부터 북한의 높은 산정에는 낙엽활엽관목대와 함께 북극권에 자라는 키 작은 상록활엽관목대가 나타난다.

식생대는 위도 변화에 따라 나타나는 수평적 식생대와 산지에서 해발 고도가 높아짐에 따른 수직적 식생대가 있다. 지역 식생은 기후, 토양, 지형, 생물, 인위적 요인 등 여러 요인에 의해 만들어진다.(차종환, 1975) 식생 분포에서 가장 중요한 기후 요소인 기온은 위도와 고도 등에 따라 변화하므로 한반도 식생은 기온 분포에 따라 띠 모양으로 바뀐다.

먼저 상록활엽수대는 열대와 온대 중간의 난대에 좁게 나타나는 식생대이다. 내륙에서는 북위 35°까지, 해안에서는 35° 30′까지로 연평균기온이 14℃ 이상인 남부 해안 및 도서에 난대성 상록활엽수와 낙엽활엽수가

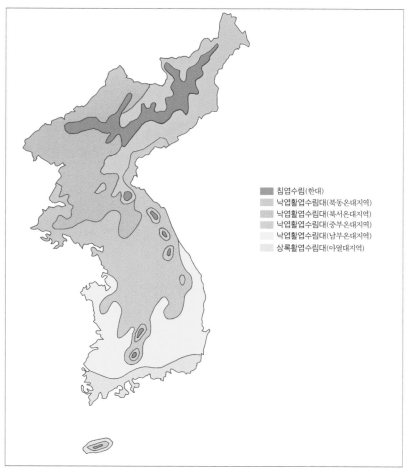

한반도의 수평 및 수직적 식생대 (임경빈, 1970)

섞여 자란다.

한반도 남단에 발달하는 상록활엽수대에 자라는 주요 늘푸른넓은잎나무는 붉가시나무, 가시나무, 구실잣나무, 녹나무, 동백나무, 종가시나무, 생달나무, 후박나무, 참식나무, 후박나무, 사철나무 등과 덩굴식물인 바람

등칡, 마삭줄, 남오미자, 왕모람, 멀꿀 등이다.

상록활엽수대의 높은 교목층에는 구실잣밤나무, 후박나무, 북가시나무 등이, 중간 아교목층에 동백나무, 감탕나무, 참식나무 등 낮은 관목층에는 그늘을 견디는 수종인 식나무, 사스레피나무 등이, 초본층에는 보춘화, 맥문동, 마삭줄, 송악, 남오미자 등이 나타난다. 이처럼 여러 층위을 이루며 자랄수록 생태적으로 안정되고 건강한 숲이다.

우리나라 남부 지방에서 북부 지방에 이르는 해안가와 갯벌에는 서남 해안 염습지(海岸鹽濕地, coastal salt march)가 발달하는데, 그 규모가 남북한 합쳐서 약 5천~6천㎢에 달한다. 캐나다 동부 해안, 미국 동부 해안, 유럽 북해 연안, 남미 아마존강 유역과 함께 세계 5대 해안 염습지 가운데 하나다. 우리나라 해안 염습지에는 칠면초, 해홍나물, 나문재, 퉁퉁마디, 갯잔디, 갈대, 천일사초, 지채 등 염생식물(鹽生植物, halophyte)이 자란다.(이점숙, 2014)

낙엽활엽수대는 북위 35~43° 사이에 있는 고산 지대를 제외한 지역이다. 연평균기온은 5~14℃이며 기후적으로 온대에 속한다. 지리적 위치와 식생 구성에 따라 남부, 중부, 북부로 나뉜다. 이곳에 자라는 주요 잎지는 넓은잎나무로, 단풍나무, 신갈나무, 떡갈나무, 졸참나무, 갈참나무, 자작나무, 느티나무, 때죽나무, 쪽동백나무, 개서어나무, 비목나무, 생강나무, 고로쇠나무 등이다.

낙엽활엽수대 남부는 북위 35~36° 사이, 동해안에서는 38°, 서해안에서는 37° 30′까지다. 주요 수종은 개서어나무, 보안목, 나도밤나무, 윤노리나무, 산초나무, 단풍나무, 사람주나무, 굴피나무, 팽나무, 백동백나무 등 낙엽활엽수다. 이와 함께 사철나무, 줄사철나무, 굴거리나무 등 상록활엽수, 왕대, 솜대 등 대나무류와 소나무, 개비자나무, 곰솔 등 상록침엽수가 섞여 자란다. 현재 낙엽활엽수대 남부에는 소나무, 곰솔이 주로 자라는 단순림과 서어나무, 단풍나무, 굴피나무 등이 같이 자라는 혼합림이 많다.

이 중 서어나무는 강인한 생명력을 지니고 있다. 온대 중부 지역의 천이(遷移, succession) 과정에서 가장 늦게까지 살아남을 수 있는, 그늘을 좋아하는 전나무, 분비나무, 가문비나무, 종비나무, 솔송나무, 너도밤나무 등과 함께 대표적인 음수(陰樹)에 속한다. 조금 더 따뜻한 온대 남부 지역에서는 개서어나무가 천이 과정의 마지막 단계인 극상(極相, climax)에서 군림한다.(남효창, 2014)

낙엽활엽수대 중부는 동해안에서 북위 40°, 서해안에서 39°, 내륙에서 38° 30′ 보다 남쪽까지이다. 대표적인 나무는 느티나무, 때죽나무, 신갈나무, 졸참나무, 갈참나무, 갈졸참나무, 백동백나무, 생강나무, 물박달나무 등이다. 낙엽활엽수는 향나무, 전나무, 소나무 등 상록침엽수가 같이 자란다. 지금은 소나무만 자라는 숲과 신갈나무, 때죽나무 등이 섞여 자라는 혼합림이 많다.

낙엽활엽수대 북부는 낙엽활엽수대 중부 이북에서 중국과 러시아 국경까지가 영역이다. 주된 나무는 달피나무, 웅기피나무, 개버찌나무, 산겨릅나무, 시닥나무, 부게꽃나무, 산괴불나무, 참피나무, 박달나무, 신갈나무, 개암나무, 거제수나무, 정향나무 등 낙엽활엽수와 전나무, 잣나무 등 상록침엽수 그리고 낙엽침엽수인 잎갈나무가 섞여 자란다. 지금은 피나무, 박달나무, 신갈나무, 잣나무, 전나무가 섞여 있는 혼합림과 소나무만 자라는 숲이 많다.

혼합림대(混合林, mixed trees zone)는 혼효림(混淆林) 또는 혼성림(混成林)이라 부르는데, 침엽수와 활엽수가 섞인 삼림이다. 인공림은 같은 종으로 구성된 단순림이 많으나 천연림은 대부분 혼합림이다. 혼합림의 침엽수, 활엽수 비율은 나라에 따라 다르다. 세계식량농업기구(FAO) 기준으로 침엽수, 활엽수 가운데 어느 쪽도 75%를 넘지 않고 섞여 있는 숲을 말한다.

혼합림은 다양한 수종으로 이루어져 생물종 다양성을 유지하는 데 유리하다. 동시에 기상 재해, 산불 피해, 생물 피해, 환경 오염 피해 등에 대한 저항성이 높을 뿐 아니라 경관과 환경 보전에도 좋다. 과거에는 산에 나무를 심을 때 침엽수를 주로 심었으나 요즘은 침엽수와 활엽수를 섞어 건강한 생태계를 만든다.

상록침엽수대는 주로 함경도와 평안도 고원 및 고산 지대로 연평균기온이 5℃ 이하이고 1월 평균기온이 -12℃인 곳까지로, 기후적으로 한대에 나타난다. 주된 나무는 추운 겨울과 짧은 생육 기간에 적응한 전나무, 가문비나무, 분비나무, 종비나무, 잣나무, 눈잣나무, 눈측백, 주목 등 상록침엽수 등이다. 낙엽침엽수인 잎갈나무, 만주잎갈나무 그리고 낙엽활엽수인 거제수나무, 만주자작나무 등도 함께 자란다. 지금은 지나친 개발과 산불 등으로 고유한 침엽수림이 파괴되고 자작나무, 사시나무, 황철나무, 느릅나무 등 낙엽활엽수 또는 침엽수와 활엽수가 섞여 자라는 혼합림이나 잎갈나무 순림을 이루기도 한다.

상록활엽수대와 조엽수림 문화

동아시아 난온대에 자라는 상록활엽수의 잎은 상대적으로 춥고 건조한 겨울을 견디기 위해 작고 두툼하다. 또한 잎 표면에는 생물체를 보호하고 수분을 빼앗기는 발산을 방지하며 외부 물질 침입을 막아 주는 큐티클(cuticle, 외부와 접촉하는 식물의 바깥층 또는 바깥 부분) 막이 있다. 따라서 상록활엽성의 작고 두꺼운 잎은 햇빛을 받으면 번쩍거려 조엽수림(照葉樹林, laurel forest)이라고도 부른다. 조엽수림은 주로 상록활엽성 떡갈나무류와 녹나무과 나무로 이루어지며, 잎은 늘 푸르고 표면에 광택이 있는 동아시아의 특이한 삼림형이다.

조엽수림대(照葉樹林帶, laurel forest zone)는 고온 다습한 풍토에서 공통적으로 발달하고, 인간 문화에서도 생태학적으로 서로 관련되는 공통점이 있어 조엽수림 문화라고도 한다. 조엽수림 문화권에서는 화전(火田)에서 시작한 야생 참마, 토란, 잡곡을 재배한다. 또한 쌀은 가공하지 않고 그대로 익혀 먹고, 찹쌀은 쪄서 가공하며, 부식으로는 물고기를 이용해 젓갈인 어장(魚醬)을 담근다. 콩을 재배해 메주를 만들기도 하고 찻잎을 우려 음료로 마시기도 한다.

한반도에서 난대성 상록활엽수 숲은 전라남도 강진군 마량면 마량리 까막섬, 완도군 완도읍 군내리 주도, 보길면 예송리, 소안면 맹선리과 미라리, 진도군 의신면 사천리, 제주도 북제주군 애월읍 납읍리, 남제주군 안덕면 감산리 안덕계곡, 서귀포시 중문동 천제연, 서귀동에 있는 천지연

담자리꽃나무

등에서 볼 수 있다. 특히 제주도 서귀포에는 우리나라에서 가장 전형적인 상록활엽수대가 분포한다.

상록활엽수 분포의 북한계선은 전남 함평 붉가시나무 자생 북한지, 전북 정읍 내장산 굴거리나무 군락지, 부안 변산반도 후박나무 자생 북한지, 인천 옹진 대청도 동백나무 자생 북한지 등으로 식물종에 따라 다르다.

우리나라 식생도상에는 남부 지방에 상록활엽수대가 표기되어 있지만, 실제로 현지에서 전형적인 상록활엽수 숲을 찾기는 쉽지 않다. 이는 과거에 상록활엽수 대부분이 지나친 채취, 이용, 개발, 산불 등으로 파괴돼 원형이 훼손되거나 사라졌기 때문이다. 오늘날 상록활엽수 숲은 낙엽활엽수, 낙엽활엽수와 상록침엽수가 섞여 자라는 혼합림이나 소나무 숲과 같은 사람의 손길이 더해져 만들어진 2차림(二次林, secondary forest)으로 바뀌었다.

특이한 점은 상록활엽수가 제주도를 비롯해 남해안과 서해안 섬과 바닷가에서만 자란다는 생각과는 다르게 북한과 남한 고산, 아고산대에도 낙엽활엽관목과 함께 다양한 상록활엽관목이 자란다는 것이다. 이들은 지난 신생대 제4기 플라이스토세 빙하기에 북극권의 추위를 피해 한반도로 찾아든 식물의 후손이다. 상록활엽관목인 담자리꽃나무, 돌매화나무, 시로미, 진퍼리꽃나무, 산백산차, 가는잎백산차, 애기월귤, 넌출월귤, 가솔송, 황산차, 월귤, 린네풀 등 북극권 지역과 공통적으로 분포하는 극지고산식물이 많다.

또한 동북아시아 고위도 지역과 공통적인 각시석남, 화태석남, 산백산차, 왕백산차, 긴잎백산차, 털백산차, 노랑만병초, 만병초, 큰잎월귤 등 상록활엽관목인 고산식물도 자란다.

이들 상록활엽관목은 땅 위를 기는 키 작은 관목 또는 떨기나무로 잎은 늘 푸르며 좁고 두껍고 털이 많으며 추울 때는 잎이 말리는 등 고산의 혹독한 기후에 생태적으로 적응했다.(공우석, 2002)

산을 오르면 보이는 식물 분포 **수직적 식생대**

산지에서는 해발 고도에 따라 낮은 곳으로부터 구릉대(상록활엽수, 낙엽활엽수), 산록대(낙엽활엽수, 낙엽활엽수와 상록침엽수의 혼합림), 아고산대(침엽수), 고산대(관목, 초본), 설선, 만년설대 등으로 경관의 모식적인 수직적 변화가 나타난다. 평지에서 산록으로 올라가면서 숲이 우거진 산지림이 나타나며, 남부 지방 낮은 산지에는 상록활엽수와 낙엽활엽수가 섞여 자란다. 고도가 높아지면 낙엽활엽수가 주로 자라며, 산지림 내 가장 높은 곳에는 상록침엽수가 주로 자라고 낙엽활엽수가 섞이기도 한다.

산지림대(山地林帶, mountain forest belt)가 자라는 가장 높은 고도에는 상업적으로 가치가 있는 재목이 연속적으로 자라는 숲의 한계선인 삼림한계선(森林限界線, forest limit) 또는 용재한계선(用材限界線, timberline)이 나타난다. 삼림한계선은 기온이 낮은 곳, 건조한 곳, 바람이 센 곳, 지형, 토양 조건이 좋지 않은 곳에 흔히 나타난다. 환경이 변해 나무가 자라지 못하는 경계선에서는 급격하게 식생대가 바뀌기도 하지만, 일반적으로는 넓은 범위에 걸쳐 점차 식생이 바뀌는 점이대(漸移帶, ecotone) 또는 이행대(移行帶)가 펼쳐진다.

삼림한계선보다 고도가 높은 산지로 식물이 자라기에 생육 환경이 나쁘거나 생육 기간이 짧은 곳, 강한 바람이 부는 곳에는 편형수(扁形樹, wind shaped tree), 깃발형 나무(flag shaped tree)가 자란다. 환경이 아주 좋지 않은 곳에는 3~5m 이상의 큰 키 나무가 자라지 못하는 교목한계선(喬木限界線, tree limit)이 나타난다. 교목한계선 주변에는 나무가 작은 섬처럼 드문드문 모여 자라는 수목섬(tree island)이나 나무가 정상적으로 자라지 못하고 추위와 강풍 때문에 키 작고 뒤틀려 자라는 왜성변형수(矮性變形樹, krummholz)가 나타난다. 삼림한계선부터 교목한계선에 이르는 범위가 아고산대(亞高山帶, subalpine belt)로, 구상나무, 가문비나무, 분비나무, 소나무류 등 침엽수와 자작나무류, 석남류, 철쭉류 등이 자라지만 곳에 따라 자라는 나무가 다르다.

교목한계선은 여러 환경 요인이 복잡하게 어우러져 만들어지는데, 기본적으로는 그 지역 기후 요소가 가장 중요하다. 나무가 필요한 양분을 생산하는데 일정한 온도가 필요하다. 때문에 산에서 나무가 얼마나 높은 곳까지 살 수 있느냐는 주로 기온으로 결정된다. 나무의 생존에는 겨울 기온보다는 여름 기온이 중요하며, 가장 따뜻한 달의 평균 기온이 10℃를 유지해야 한다. 겨울철에는 나무가 이미 동면(冬眠, hibernation)에 들어가므로 추위는 별 문제가 되지 않는다. 교목한계선 일대는 주야간 기온의 일교차가 심하고 연교차도 크고 강풍이 불어서 식물 생장에 가장 불리하다.

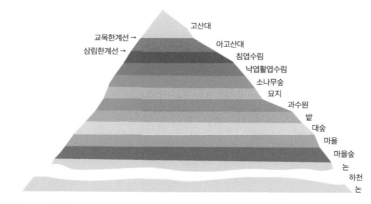

산악 경관의 수직적 분포 (공우석, 2002)

구상나무 왜성변형수, 제주도 한라산

산이 커지면 일반적으로 기온이 높아져서 교목한계선이 예상보다 높아지는 현상이 나타난다. 교목한계선 높이는 기온 외에도 사면의 방향, 적설량과 적설 기간 등의 영향을 받는다. 교목한계선이 나타나는 고도는 산지 환경 조건에 따라 변한다.

한라산 정상 일대의 남사면은 북사면에 비해 일사량이 많아 기온이 높고 겨울철 적설심도(積雪深度, snow depth)가 얕다. 또한 토양 온도도 높아 수분의 증발산량이 많다. 따라서 봄과 여름에 기온이 높고 비가 적게 내릴 때 남사면 식물은 수분 스트레스를 많이 받으며 교목이 자라기에 불리하다. 그 결과 한라산 남사면 정상 일대의 삼림한계선은 북사면보다 낮은 고도에서 나타난다.

한편 한라산 정상 부근 남쪽 계곡에는 지하수와 지표수가 모여 흐르기 때문에 토양에 수분이 많다. 따라서 한라산 정상 일대 남사면과 능선에는 비 올 때만 물이 흐르고 지하수위가 상대적으로 높아 구상나무 같은 교목이 토양 수분이 충분한 물길을 따라 띠를 이루어 자란다.

교목한계선보다 높은 산지는 키 작은 관목 또는 떨기나무가 자라는 고산관목대(高山灌木帶, alpine shrub belt)이다. 고산관목대보다 높은 고도는 나무보다는 풀 종류가 많아 풀밭에 꽃이 활짝 피는 고산초원대(高山草原帶, alpine meadow belt)이다. 고산초원대 위쪽에는 식물이 거의 자라지 못하고 빈 땅에 자갈 등이 널려 있는 고산툰드라대(alpine tundra belt), 더 높은 곳에 설선(雪線, snow line)이 나타나며, 삼림한계선부터 설선까지의 범위가 고산대(高山帶, alpine belt)이다. 아고산대와 고산대 경계는 삼림이 자라는 경계로 삼림한계선을 나누고, 큰키나무가 자라는 한계를 기준으로는 교목한계선을 나눈다.(공우석, 2007)

고산대에 자라는 고산식물은 키가 작고, 줄기와 가지 등 지상부에 비해 뿌리 등의 지하부가 깊고 길게 뻗는다. 관목 상태로 지표면을 기어 자라며 잔가지가 많으며, 잎은 두껍고 빛나는 가죽 모양 혁질(革質, leathery)로, 식물체 표면에 털이 많아 습기를 모으거나 추운 기후를 견디고 자외선을 반사하는 데 유리하다. 크고 화려한 꽃을 피우지만 꽃을 피우는 가지는 적다.

우리나라에도 고산대가 있나요

'우리나라 산지는 절대 고도가 높지 않아서 고산대가 나타나지 않는다'(김준민, 1976)라는 견해가 있다. 그러나 이는 우리 산지의 기후와 생물상 등 자연환경을 종합적으로 고려하지 않고 인접 국가와 고산대의 절대 고도를 단순 비교하면서 생긴 결과이다. 한반도에도 고산대가 나타나며, 지금은 설선이 나타나지 않지만 신생대 제4기 플라이스토세에 북한 북부 백두산, 남포대산, 북포대산, 설령과 북한 중부의 언진산 등 일부 산지에는 국지적으로 높은 산정에 눈이 쌓여 소규모의 빙하가 발달했다.(류정길, 1999)

오늘날 히말라야와 알타이산맥 등 높은 산지에는 만년설이 쌓여 있는 설선이 나타나며, 설선 주변에는 주변에 식생이 발달하지 않는다. 고산의 설선 주위에 발달하는 산악 빙하가 후퇴하면서 남긴 바위, 자갈, 모래와 진흙 등의 퇴적물로 이루어진 빙퇴석이 나타난다.

고산대는 산지에서 고도가 너무 높아 나무가 자라지 못하는 교목한계선부터 눈이 녹지 않는 설선이 나타나는 만년설대(萬年雪帶, nival belt) 또는 항설대(恒雪帶)까지를 가리키는 수직적인 식생대이다.

우리나라 산 가운데 식생의 수직적 분포가 가장 전형적으로 나타나는 산은 제주도 한라산(1,950m)으로, 생물지리학 교과서에 소개될 만한 장소이다. 한라산 산록 낮은 지대는 난온대 기후대에 속하는 곳으로, 상록활엽교목인 녹나무, 후박나무, 가시나무, 동백나무 등이 자란다.

한라산 중간 고도는 온대 기후대에 속하며, 졸참나무, 개서어나무, 서어나무, 단풍나무 등 낙엽활엽교목이 흔하고, 산 높이가 높아질수록 구상나무, 주목 등 상록침엽교목과 사스래나무 *Betula ermanii* 같은 한대성 낙엽활엽아교목이 나타난다.

한라산 해발 고도 1,800m 이상 고지대는 한대 기후대에 속하며, 구상나무, 주목 등 키 작은 상록침엽아교목과 사스래나무 등 낙엽활엽아교목이 자라며, 하층 식생으로는 키 작은 제주조릿대 *Sasa palmata* 가 널리 발달한다.

요즘에는 제주조릿대 분포역이 넓어지면서 다른 식물 서식지를 침범해 생물 다양성을 떨어뜨린다는 이유로 논란이 되고 있다. 제주조릿대의 확산에는 여러 이유가 있으나 과거 말과 소를 방목하다가 이들의 출입을 금지하면서 정도가 심해졌다는 목소리도 있다.(이유미, 2004) 또한 지구 온난화에 따라 한라산 내 분포역이 넓어진다는 우려도 많다.

한라산 정상 일대의 북사면을 제외한 남사면, 서사면, 동사면에는 고산지역에 나타나는 전형적인 모습은 아니지만 지난 빙하기에 만들어진 식생의 잔존 경관인 고산식생대가 넓게 나타난다. 고산대에 자라는 식물은 털진달래, 돌매화나무, 들쭉나무, 시로미, 눈향나무 등 북극 주변 지역 또는 주극 지역(周極地域, circumpolar region)에도 자라는 키 작은 나무인 상록활엽관목과 낙엽활엽관목이 초본성 고산식물과 어울려 자란다.(공우석, 1998, 1999, 2007) 한편 구상나무는 백록담 북동사면 정상부까지 널리 분포한다.

우리나라에 고산대가 존재하는지 여부는 산지의 절대 고도보다는 고산대를 구성하는 극지고산식물과 고산식물 등 생물 분포, 산지의 빙하, 빙하 주변 지역에 나타나는 구조토(構造土, patterned ground)와 유상 구조토(瘤狀構造土, earth hummock, thufur) 등 주빙하(周氷河, periglacial) 지형, 기후 요소, 토양과 경관 등 자연환경을 기준으로 구분해야 한다.

사스래나무, 경남 지리산

　주빙하 지형에서 널리 나타나는 유상 구조토는 퇴적 물질이 서로 뒤섞여 나타난다. 각이 많거나 둥근 형태를 보이며, 높이와 지름이 각각 10~20cm 및 50~100cm 정도로 뒤집어 놓은 아주 작은 무덤 또는 엎어 놓은 양푼과 같은 모양의 작은 지형이다. 한라산 백록담 남서쪽 화구원 초지에 지름 50~100cm, 높이 20~30cm의 유상 구조토 수백 개가 군집을 이루며 발달해 있고, 지리산 주능선인 세석평전 일대에도 과거 오늘날보다 한랭했던 기후 아래서 만들어진 화석 지형으로 남아 있는 것으로 알려졌다.

　겨울이 되어 땅이 얼면 유상 구조토는 위쪽부터 얼기 시작하나 햇빛을 받는 방향에 따라 어는 속도가 다르며, 겨울에 콘크리트처럼 단단히 얼어붙는다. 유상 구조토 내부 단면에서는 땅이 얼고 녹으며 만들어지는 동결교란(凍結攪亂, cryoturbation)으로 보이는 불규칙한 토층 구조도 관찰된다.(Kim, 2008) 유상 구조토 내부는 작은 크기의 토양으로 만들어져 있으며, 표면은 마치 매트(mat) 모양처럼 보이고, 김의털, 한라부추 같은 초본식물이나 눈 향나무, 시로미 같은 관목과 같은 식생으로 두텁게 덮여 있다.(김태호, 2001)

유상 구조토는 영구 동토 지역뿐만 아니라 계절적 동토 지역에도 폭넓게 분포한다. 유상 구조토가 나타나는 기후학적 한계는 식물이 생장하는 생리적인 한계선인 6℃의 등온선으로 보고 있다.

일반적으로 구조토는 주빙하 지역 범위를 나타내는 지표로도 사용되므로 한라산 백록담 분화구의 유상 구조토는 한라산 아고산대가 주빙하 환경에 놓여 있다는 좋은 지표가 될 수 있다. 그러나 유상 구조토가 완전히 무너지고 흔적만 남아 있는 장소에는 말라 죽은 눈향나무가 나타나고 있어 유상 구조토의 붕괴에 지구 온난화가 영향을 미치고 있을 가능성도 있다.(김태호, 2006)

제 3 장

지질 시대
한반도의 나무들

한반도 숲은 원래 어떤 모습이었을까? 시간이 지나면서 어떤 모습으로 바뀌었을까? 오늘날 우리 산과 들에 널리 자라는 나무들은 언제부터 이 땅에 살기 시작했을까? 어떤 나무가 토종이고, 어떤 나무를 외래 수종이라고 부를까? 옛사람들은 나무를 어떻게 이용했을까? 어떤 나무는 흔하고 널리 분포하는데 왜 어떤 나무는 특별한 장소에만 드물게 자랄까? 이런 질문들은 생물의 공간 분포와 시간 변화를 환경 변화와 관련해 연구하는 식물지리학자의 관심거리다.

지구의 지질 시대

처음 탄생했을 당시 지구는 암석권(땅)~기권(공기)으로만 되어 있었으나, 그 뒤 약 38억 년 전쯤 물이 모여 바다가 생기면서 암석권~기권~수권(물)으로 크게 발전했다. 약 5억 년 전에 바다에서 발생한 생물들이 바다를 떠나 육지에 상륙하면서 암석권~기권~수권~생물권(생명체)으로 복잡해졌다. 생물이 땅 위에서 활동하면서 지구는 암석권~기권~수권~생물권~토양권(흙)으로 오늘날과 비슷한 모습을 갖추었다.

육상에 살던 동물 가운데 가장 뒤늦게 등장한 젖먹이 동물이 진화를 거듭했고 약 700만 년 전쯤 포유동물에서 가장 진화한 인류가 등장하면서 지구는 암석권~기권~수권~생물권~토양권~인류로 오늘날의 모습을 갖추었다. 오늘날 인류는 지구 시스템을 구성하는 땅, 공기, 물, 생물, 흙과 서로 영향을 주고받으면서 살고 있다.

지구의 생성부터 현재에 이르는 시간 속에서 지질 시대는 시생대, 원생

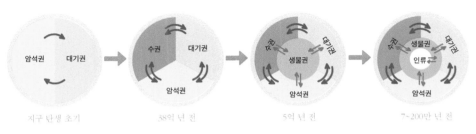

시간에 따른 지구의 모습 변화 (공우석, 2007)

대 등 선캄브리아기와 그 이후의 고생대, 중생대, 신생대로 나뉜다. 신생대는 약 6,500만 년 전부터 현재에 이르는 시기로 다시 제3기(第3紀, Tertiary)와 제4기(第4紀, Quaternary)로 나뉜다. 제3기는 다시 팔레오세(Palaeocene), 에오세(Eocene), 올리고세(Oligocene), 마이오세(Miocene), 플라이오세(Pliocene)로 나누어지고, 제4기에는 플라이스토세(Pleistocene)와 홀로세(Holocene)가 있다.

고생대 우리 숲

　고생대에서 신생대에 이르는 지질 시대별로 한반도 내 40개 지역 침엽수와 75개 지역 활엽수의 식물 화석, 나이테, 고문헌 등을 분석해 오늘날 보는 숲이 어떤 과정을 거쳐 만들어졌는지 그 발달사를 복원했다.(공우석, 1995, 1996, 2000a, 2003, Kong & Watts, 1992, Kong, 1992, 2000, Kong et al, 2014, 2016)

　한반도에서 자랐던 식물 가운데 가장 오래된 화석은 고생대 후기 식물인 뉴롭터리스*Neuropteris*지만, 이 나무는 지구상에서 이미 멸종했다. 침엽수 가운데 가장 오래된 화석 식물인 고생대 후기 페름기, 중생대 트라이아스기, 쥐라기의 엘라토클라듀스*Elatocladus*와 고생대 페름기 울마니아*Ullmannia*, 왈치아*Walchia* 등도 지구상에서 사라졌다.

뉴롭터리스

중생대 우리 숲

중생대는 약 2억 5,100만~6,500만 년 전 사이로, 트라이아스기, 쥐라기, 백악기로 나뉜다. 중생대 동안 한반도에는 여러 종류의 침엽수 또는 바늘잎나무와 활엽수 또는 넓은잎나무가 함께 분포했다.

침엽수

한반도에서 침엽수는 중생대 백악기부터 화석으로 나타나고, 신생대 제3기 마이오세 이후에도 꾸준히 분포했다. 활엽수는 중생대 올리고세 이후 끊임없이 명맥이 이어지고 있다. 한편 신생대 제3기 초기 팔레오세와 에오세 동안 한반도에 어떤 나무가 자랐는지 알기에는 화석이 부족하다.

<표> 지질 시대에 살았던 한반도의 대표적인 침엽수

시대 / 나무(속)	중생대	신생대							속명
	백악기	팔레오세	에오세	올리고세	마이오세	플라이스토세	홀로세	현재	
세쿼이아	○								*Sequoia*
소나무(2엽)	○				○	○	○	○	*Pinus(Diplo.)*
전나무					○	○	○	○	*Abies*
메타세쿼이아					○	○		○*	*Metasequoia*
금송					○	○		○*	*Sciadopitys*
낙우송					○	○		○*	*Taxodium*
삼나무					○	○		○*	*Cryptomeria*
가문비나무					○	○	○	○	*Picea*

솔송나무					○	○		○	Tsuga
노간주나무					○	○	○	○	Juniperus
잎갈나무					○	○		○	Larix
개비자나무					○			○	Cephalotaxus
주목					○	○		○	Taxus
눈측백나무						○		○	Thuja
소나무(5엽)						○		○	Pinus(Haplo.)

○*: 한반도에서 멸종했으나 외국에서 다시 도입해 심은 침엽수

Kong, 2016

중생대에는 이름도 생소한 13개 속의 침엽수(아라우카리츠, 팔리스야, 피치오필럼, 스테노라치스, 시조레피스, 스웨덴보르기아, 브라치필럼, 시파리씨디움, 체카노브스키아, 세쿼이아, 크세녹실론, 프레노레피스, 피누스)가 한반도에서 자랐다. 그러나 소나무속 *Pinus* 을 제외한 모든 침엽수는 한반도에서 멸종했다. 중생대 백악기부터 자랐던 소나무속은 신생대 제3기 마이오세, 신생대 제4기 플라이스토세와 홀로세를 거쳐 오늘날까지 살아남은 강인한 나무로 이 땅의 지킴이며 진정한 토종이다.

오늘날 한반도에 자라는 소나무속은 소나무 *Pinus densiflora*, 곰솔 *Pinus thunbergii*, 잣나무 *Pinus koraiensis*, 섬잣나무 *Pinus parviflora*, 눈잣나무 *Pinus pumila* 등 다양한 종으로 진화했고 분포역도 넓다.(공우석, 2004, 2006b, c) 소나무속 나무들은 북한의 가장 북쪽 한랭한 산악 지대로부터 온난한 제주도 해안가에 이르기까지 전국에 걸쳐 가장 넓게 분포하고 다양한 생태 조건에 적응했다.

쥐라기에는 한반도에서 멸종한 침엽수인 아라우카리츠 *Araucarites*, 팔리스야 *Palissya*, 피치오필럼 *Pityophyllum*, 스테노라치스 *Stenorachis*, 시조레피스 *Schizolepis*, 스웨덴보르기아 *Swedenborgia* 등이 나타났다.

백악기에는 지금은 멸종한 브라치필럼 *Brachyphyllum*, 시파리씨디움

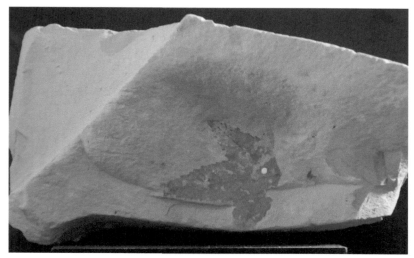
신생대 마이오세 단풍나무잎 화석, 경희대학교 자연사박물관

Cyparissidium, 체카노브스키아*Czekanowskia*, 크세녹실론*Xenoxylon*, 프레노레피스 *Frenelopsis*, 세쿼이아*Sequoia* 등이 분포했다. 중생대 침엽수 가운데 소나무와 세쿼이아를 제외한 다른 침엽수는 중생대를 넘기지 못하고 한반도에서 모두 멸종했다.

한반도에서 더는 자생하지 않는 세쿼이아*Sequoia sempervirens*는 측백나무과 (Cupressaceae)에 속하며 레드우드(redwood)라고도 부른다. 미국 서부에 자라는 세쿼이아는 캘리포니아의 몬터레이 남부에서 오리건 남부에 이르는 해안 산지의 안개가 많은 곳에 분포한다.

활엽수

한반도에서 가장 오래된 활엽수는 중생대 백악기층에서 출현해 아직도 후손이 살아 있는 버즘나무속*Platanus*, 분꽃나무속*Viburnum*, 버드나무속*Salix*,

사시나무속 *Populus*, 녹나무속 *Cinnamomum*, 감탕나무속 *Ilex*, 장구밤나무속 *Grewia*, 두릅나무속 *Aralia*, 생강나무속 *Lindera* 등 9종류이다.

낙엽활엽수인 버드나무속은 중생대 백악기, 신생대 제3기 마이오세, 제4기 플라이스토세, 홀로세에 나타났다. 상록활엽수인 녹나무속은 중생대 백악기, 신생대 제3기 마이오세, 제4기 플라이스토세에 분포했다.

중생대 백악기에 살았지만 지금은 한반도에서 멸종한 활엽수는 포플로필럼 *Populophyllum*, 타베이니디움 *Tabeinidium*, 필라이트 *Phyllites*, 자미오필럼 *Zamiophyllum*, 닐룸비 *Nelumbites*, 메니스페르마이트 *Menispermites*, 레그미노이시트 *Leguminosites*, 람라이트 *Rhamnites* 등 8종류이다.

<표> 한반도에 살았던 대표적인 활엽수

나무(속)	중생대 백악기	신생대 제3기 팔레오세	에오세	올리고세	마이오세	제4기 플라이스토세	홀로세	현재	속명
버드나무	○				○	○	○	○	*Salix*
녹나무	○				○	○		○	*Cinnamomum*
단풍나무				○	○	○	○	○	*Acer*
서어나무					○	○	○	○	*Carpinus*
너도밤나무					○	○	○	○	*Fagus*
참나무					○	○	○	○	*Quercus*
자작나무					○	○	○	○	*Betula*
오리나무					○	○	○	○	*Alnus*
목련					○	○		○	*Magnolia*
느티나무					○	○	○	○	*Zelkova*
물푸레나무					○	○	○	○	*Fraxinus*

Kong, 2003

신생대 제3기 우리 숲

신생대는 식생 변화가 심했던 시기로 기후변화에 따라 이전 식생이 사라지고 새로운 식생이 등장하는 과정이 계속됐다. 신생대는 오늘날 우리가 주변에서 보는 현재의 식생을 만들어 낸 시기이기도 하다.

침엽수

삼나무속*Cryptomeria*은 신생대 제3기 마이오세와 제4기 플라이스토세, 금송속*Sciadopitys*은 신생대 제3기 마이오세와 제4기 플라이스토세, 메타세쿼이아속*Metasequoia*은 신생대 제3기 마이오세와 제4기 플라이스토세, 낙우송속*Taxodium*은 신생대 제3기 마이오세에 각각 분포했다.

오늘날 볼 수 있는 외래 수종 가운데 삼나무, 금송, 메타세쿼이아, 낙우송 등은 과거에 한반도에 살았던 종류로 멸종했으나 다시 도입해 심은 나무이다. 삼나무, 금송은 일본에서 도입했고, 메타세쿼이아는 중국에서, 낙우송은 미국에서 들여왔다.

경북 안동 도산서원, 충남 아산 현충사 등지에 심어진 금송*Sciadopitys verticillata*은 일본에서 도입된 나무로, 심은 곳의 상징성 때문에 논란이 되었다. 민족 정통성을 지키려는 차원에서 일본이 원산인 나무이므로 뽑아내야 한다는 주장도 있다. 신중하지 않게 선택한 나무가 훗날 예기치 않은 논란을 가져 온다는 교훈으로 남았다. 앞으로 산림을 조성하거나, 도시 조경수를 심거나, 기념식수용 나무를 선정하는 과정에서 목적과 장소에 알

메타세쿼이아 전남 담양

맞은 나무를 고르고 생태적인 특성과 역사성까지도 살피는, 장소에 알맞은 나무를 심는 적지적수(適地適樹)의 원칙을 지켜야 한다.

신생대에 출현한 상록침엽수 가운데 지금까지도 한반도에 분포하는 나무는 전나무속*Abies*, 노간주나무속*Juniperus*, 가문비나무속*Picea*, 솔송나무속*Tsuga*, 개비자나무속*Cephalotaxus*, 주목속*Taxus*, 눈측백나무속*Thuja* 등과 낙엽침엽수인 잎갈나무속*Larix* 등이다.

전나무속, 노간주나무속, 가문비나무속은 신생대 제3기 마이오세, 제4기 플라이스토세와 홀로세, 솔송나무속은 신생대 제3기 마이오세와 제4기 플라이스토세, 개비자나무속은 신생대 제3기 마이오세, 주목속은 신생대 제3기 마이오세와 제4기 플라이스토세, 눈측백나무속은 신생대 제4기 플라이스토세 그리고 낙엽침엽수인 잎갈나무속은 신생대 제3기 마이오세와 제4기 플라이스토세에 각각 분포했다.

활엽수

신생대 제3기 올리고세에 분포했던 활엽수는 사시나무속*Populus*, 소귀나무속*Myrica*, 호두나무속*Juglans*, 천선과나무속*Ficus*, 크레드너리아*Credneria*, 버즘나무속*Platanus*, 노방덩굴속*Celastrus*, 단풍나무속*Acer*, 무환자나무속*Sapindus*, 대추나무속*Zizyphus*, 송악속*Hedera*, 분꽃나무속 등 12개 속이다.

단풍나무속*Acer*은 신생대 제3기 올리고세, 마이오세와 제4기 플라이스토세에 분포했다.

서어나무속, 너도밤나무속, 참나무속, 자작나무속, 오리나무속은 신생대 제3기 마이오세, 제4기 플라이스토세와 홀로세, 목련속은 신생대 제3기 마이오세와 제4기 플라이스토세, 느티나무속은 신생대 제3기 마이오세와 제4기 홀로세, 물푸레나무속은 신생대 제3기 마이오세와 제4기 홀로세에 각각 나타났다.

백합나무와 흔히 마로니에라고 잘못 알려진 칠엽수 *Aesculus turbinata* 등은 외국에서 도입해 심었다.

신생대 제4기 우리 숲

침엽수

한반도에서 신생대 제4기 플라이스토세 초기에는 솔송나무, 금송, 소나무, 측백과, 낙우송과, 잎갈나무 등이 자랐다. 플라이스토세 중기에는 소나무, 측백과, 가문비나무, 낙우송과, 솔송나무 등이 나타났다. 플라이스토세 후기에는 솔송나무, 소나무, 낙우송과, 메타세쿼이아, 삼나무, 측백과, 가문비나무, 소나무과, 전나무, 잎갈나무, 눈잣나무, 시베리아소나무 *Pinus sibirica*, 잎갈나무, 노간주나무, 다후리카향나무 *Juniperus dahurica*, 눈측백나무 등이 나타나서 기온이 한랭해졌음을 나타낸다.(공우석, 2016)

신생대 제3기 마이오세에 출현해 제4기 플라이스토세와 홀로세까지 분포가 지속된 침엽수는 가문비나무, 전나무, 노간주나무 등이다. 제3기 마이오세부터 제4기 플라이스토세에는 나타났으나, 홀로세에는 출현하지 않는 침엽수는 솔송나무, 잎갈나무, 주목 등이다. 제3기에만 출현이 보고된 침엽수는 개비자나무이며, 제4기 플라이스토세에서만 알려진 침엽수는 눈측백나무와 잎이 5개인 소나무류이다.

제3기 마이오세부터 제4기까지 연속적으로 출현했으나, 홀로세에 한반도에서 멸종된 침엽수는 금송속, 낙우송속, 메타세쿼이아속, 삼나무속 등이다. 이들은 제4기 플라이스토세 후반의 기온 한랭화에 따른 환경 변화에 적응하지 못하고 사라진 것으로 본다.

소나무속, 노간주나무속, 전나무속, 가문비나무속, 편백속은 신생대 제

3기부터 제4기 후기까지 계속 나타난다. 특히 가문비나무속, 소나무속, 전나무속, 잎갈나무속, 주목속, 눈측백나무속 등 6속은 신생대 제4기 플라이스토세 후기에 분포역이 확장됐는데, 이는 플라이스토세 빙하기 기온 한랭화와 관련이 깊은 것으로 여겨진다.

한반도에서 신생대 제4기 홀로세에 자랐던 침엽수는 소나무속, 가문비나무속, 전나무속, 노간주나무속 등이다.

활엽수

신생대 제4기 플라이스토세에 한반도에 자랐던 활엽수는 버드나무속, 사시나무속, 녹나무속, 감탕나무속, 두릅나무속, 소귀나무속, 호두나무속, 단풍나무속, 서어나무속, 너도밤나무속, 밤나무속, 참나무속, 날개호두속, 자작나무속, 오리나무속, 느릅나무속, 느티나무속, 화살나무속, 새우나무속, 장미속, 피나무속, 벚나무속, 물푸레나무속, 개암나무속, 나도호두속, 수국속, 마가목속, 붉나무속, 풍향속, 목련속, 구실잣밤나무속, 엥겔하르디티아속 등이다. 이들은 플라이스토세 이전부터 이미 한반도에 분포했던 나무들로 플라이스토세에 다시 나타났다.

신생대 제4기 플라이스토세에 새로 등장한 활엽수는 팽나무속 _Celtis_ , 보리수나무속 _Elaeagnus_ , 생강나무속 _Benzoin_ , 명감나무속 _Smilax_ , 쥐똥나무속 _Ligustrum_ , 으름속 _Akebia_ , 멀꿀속 _Stauntonia_ , 납판화속 _Corylopsis_ , 섬음나무속 _Pittosporum_ , 라피데피스 _Raphiolepis_ , 황벽나무속 _Phellodendron_ , 탱자나무속 _Poncirus_ , 싸피움 _Sapium_ , 회양목속 _Buxus_ , 서향나무속 _Daphne_ , 석류나무속 _Punica_ , 오갈피나무속 _Acanthopanax_ , 검은재나무속 _Symplocos_ , 능소화속 _Campsis_ , 작살나무속 _Callicarpa_ , 순비기나무속 _Vitex_ , 레스피도발라누스 _Lespidobalanus_ 등 53개 속이다.

신생대 제4기 플라이스토세 활엽수 가운데 엥겔하르디티아, 라피데피스, 싸피움, 풍향속, 날개호두속, 레스피도발라누스 등 6종류는 한반도에서 멸종했고, 나머지 종류는 지금까지 한반도에 분포한다.

신생대 제4기 홀로세에는 분꽃나무속, 버드나무속, 감탕나무속, 소귀나무속, 호두나무속, 단풍나무속, 서어나무속, 너도밤나무속, 밤나무속, 참나무속, 자작나무속, 오리나무속, 느릅나무속, 느티나무속, 가시나무속, 장미속, 피나무속, 물푸레나무속, 개암나무속, 나도호두속, 뽕나무속, 굴피나무속, 붉나무속, 구실잣밤나무속, 팽나무속, 보리수나무속, 쥐똥나무속, 으름속 등 28개 속의 활엽수들이 자랐다.

한반도에 분포하는 대부분의 침엽수와 활엽수는 과거의 환경 변화에 따라 분포역 변화가 있었다. 그러나 신생대 제4기 이후 식생은 대규모 멸종에 이를 정도의 환경적 격변을 겪지 않고 오늘날까지 자라고 있다. 일반적으로 화석으로 나타난 시기가 빠른 침엽수와 활엽수일수록 넓은 분포역과 많은 종으로 분화해 식물상의 출현 시기와 분포역과는 밀접한 관계가 있었다.

특이한 생태 조건을 필요로 하는 일부 수종은 현재에는 제한된 곳에만 자란다. 너도밤나무는 과거 지질 시대에는 경북 포항 등지에 분포했으나 빙하기 기후변화에 따른 환경을 극복하지 못하고 대륙성 기후의 영향을 받는 한반도 내륙에서 사라졌다. 반면 해양성 기후의 영향을 받아 여름은 덜 덥고 습기가 충분하고, 겨울은 덜 춥고 강설량이 많은 울릉도 성인봉 일대에는 아직도 섬잣나무, 솔송나무 *Tsuga sieboldii*, 너도밤나무 *Fagus engleriana*, 섬대 *Sasa kurilensis* 등이 자생한다. 이들은 해양성 기후의 영향을 받는 일본 열도와의 공통종이다.

전체적으로 고생대 페름기에 지금은 멸종한 침엽수들이 등장했다가 사라졌고, 중생대에 백악기에 출현한 소나무와 신생대 제3기 마이오세에 등장한 침엽수 가운데 일부 수종은 오늘날까지 자란다. 활엽수는 한반도에서 신생대 제3기 올리고세에 출현한 뒤 제3기 마이오세, 제4기 플라이스토세와 홀로세까지 살아남아 오늘날의 식물상과 식생을 만들었다. 이는 한반도에 여러 차례 기후변화가 있었으나, 식물상의 멸종을 가져올 정도로 큰 환경 변화를 겪지 않고, 비교적 안정적인 환경이 오랫동안 이어졌음을 뜻한다. 현재의 식생 분포를 바르게 알려면 오늘날 환경 조건과의 관계와 함께 해당 식물들의 과거 출현 시기 및 형성 과정과 같은 식생사(植生史, vegetation history)를 알아야 한다.

솔송나무, 경북 울릉도

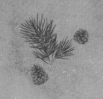

제4장

마지막 빙하기 이후
우리 나무들

유럽이나 북미 대륙을 여행하다 보면 땅은 넓고 숲은 울창한데 정작 숲속으로 들어가 보면 사는 식물 종류가 적고 숲의 구조도 단순함을 알 수 있다. 조금 더 전문적인 눈으로 식물과 숲을 보면 그곳에 분포하는 풀과 나무의 지질학적 나이도 어리다는 것을 알게 된다. 이에 비해 한반도를 비롯한 동아시아에는 지질 시대부터 살던 식물들이 숲을 이루고 있다.

우리 산과 들에서 볼 수 있는 나무와 숲은 언제부터 그곳에 터를 잡고 살고 있을까? 한반도 나무들은 어떤 역사를 가지고 있는지를 과거 기후변화와 관련해 살펴보자.

신생대 제4기는 지금으로부터 약 258만 년 전에 시작된 지질 시대이며 오늘날 우리가 볼 수 있는 경관과 생태계의 틀을 만든 시기이다. 제4기는 약 258만~1만 2천 년 전까지의 플라이스토세와 지금으로부터 약 1만 2천 년 전부터 현재에 이르는 홀로세로 나눈다.

플라이스토세 동안 지구는 여러 차례 이상의 크고 작은 빙하기(氷河期, glacial period) 또는 빙기(氷期)와 간빙기(間氷期, inter-glacial period)가 번갈아 나타났다. 간빙기는 빙하기 사이에 온도가 상대적으로 높았던 기간이다. 플라이스토세에는 여러 차례 빙하기와 간빙기가 반복됐다.

플라이스토세 마지막 빙하기인 최후빙기(最後氷期) 또는 최종빙기(最終氷期)에서 빙하가 가장 넓게 덮고 가장 추웠던 때인 최성기(最盛期, last glacial maximum, LGM)는 지금으로부터 약 11만 년 전에 시작됐다. 약 2만 6천~1만 8천 년 전에 추위가 절정에 이르렀다가 약 1만 2,500년 전에 끝났다. 최후빙기는 1950년을 기준으로 탄소 연대 측정을 하면 2만 4천~1만 2,500년 전이다. 특히 약 1만 8천 년 전을 전후에 기후가 가장 한랭했다.

플라이스토세는 문화적으로 구석기 시대로, 인류는 식물을 채집하고 동물을 수렵하면서 먹고 살았다. 플라이스토세가 끝나고 기후가 온난해지면서 홀로세라고 부르는 신석기 시대가 시작됐다. 신석기 시대에는 작물을 재배하고 가축을 사육하면서 정착 생활을 했다.

오늘날에는 지구 육지 면적의 약 10% 정도가 얼음으로 덮여 있으나,

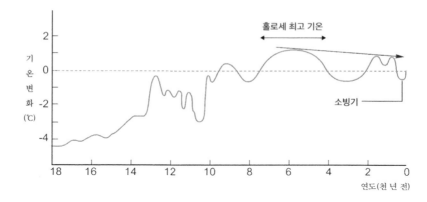

최후빙기 기후변화

최후빙기 최성기에는 육지 면적의 33% 정도인 약 2,600만㎢ 규모의 대지가 대규모 빙하로 뒤덮였다. 특히 스칸디나비아반도를 비롯한 북서유럽에서 시베리아에 이르는 지역이 모두 대륙 빙하로 덮였다. 당시 스칸디나비아를 덮고 있던 빙하는 두께가 3천~4천m에 이를 정도로 엄청난 규모였다. 아시아 대륙에서도 히말라야부터 러시아 동북부에 이르는 산맥을 따라 빙하가 대규모로 발달했다. 북아메리카에서도 미국 동부에서 북서부에 이르는 지역을 대규모 빙하가 뒤덮었다.

육지를 이처럼 거대한 빙하로 뒤덮었던 얼음은 바다에서 증발한 수증기가 만들어 낸 것이었다. 바다에서 증발한 수증기가 비와 눈이 되어 육지에 내린 뒤 바다로 돌아가면서 물의 순환이 유지됐는데, 빙하기에는 비와 눈이 얼음으로 바뀌어 빙하를 만든 것이다. 그 결과, 물이 바다로 되돌아가지 못하면서 바다 수위가 점점 낮아졌다. 당시 해수면은 오늘날보다 약 130m 내외로 낮았다.

그러나 이 시기에 동북아시아는 시베리아 내륙에서 확장되어 오는 기단의 영향을 받아 한랭 건조했다. 때문에 눈이 많이 쌓이지 않아 빙원으로 덮이지 않았고, 건조 기후가 아시아 본토 넓은 지역에 걸쳐 나타났다. 최후빙기 최성기는 약 2만 5천~1만 5천 년 전이라는 긴 기간 동안 지속됐으며, 이 시기 기후는 오늘날보다 4~8℃ 내외로 한랭했다. 이에 따라 한반도 식생도 한랭한 기후에 견디는 식물은 자랄 수 있었지만 그렇지 못한 나무들은 남쪽으로 자리를 옮겨 가거나 밀려났다.

현재 제주도 한라산, 지리산, 설악산과 북한의 고산대와 아고산대에 분포하는 많은 극지고산식물과 고산식물은 한반도의 빙기 동안 기후가 혹독하게 춥고 한랭한 환경이었다는 것을 보여 준다.

플라이스토세 최후빙기 이후 나무

신생대 제4기 플라이스토세 후기부터 홀로세에 이르는 시기를 연속적으로 포함하는 퇴적층의 꽃가루 분석에 따르면, 지금으로부터 약 1만 7천 년 전 강원도 속초 일대에는 가문비나무속, 잎갈나무속, 전나무속, 소나무속 가운데 바늘잎을 5개 가지고 있는 오엽송류 등 한대성 침엽수가 널리 분포했다.

오늘날 백두산, 설악산, 지리산 정상에서나 볼 수 있는 한대성 침엽수가 약 1만 7천~1만 5천 년 전 사이에 동해안 속초 일대에 분포했다는 것은 당시 기후가 지금보다 훨씬 한랭했다는 것을 뜻한다. 또한 약 1만 7,940년 이전에는 경북 동해안에 가문비나무속, 자작나무속, 피나무속, 참나무속 등이 나타났다. 동해안 일대 기후가 오늘날 북한 북부 지방 높은 산지와 비슷했음을 나타낸다.

약 1만 7천~1만 5천 년 전 강원 동해안과 경북 동해안에는 현재 해발고도 1천~1,500m 이상에 주로 자라는 가문비나무속, 잎갈나무속, 전나무속, 소나무속(오엽송류) 등 아고산성 한대성 침엽수가 분포했고, 온대 북부에서 자라는 자작나무속이 흔했다. 당시 나무 분포와 오늘날 분포역을 비교하면 당시 기후는 지금보다 추웠던 것으로 본다.

호수 퇴적물의 유황 함량을 분석한 결과, 약 1만 7천~5,500년 전 강원도 속초 일대는 한랭했고, 5천 년과 3천 년 전후로는 온난했다. 약 1만 7천~1만 3천 년 전에는 유황 함량이 최저치로 한랭기, 7천~5천 년 전에는 최

자작나무, 강원도 인제 원대리

고치를 나타내 온난기였다.(야스다 야스노리 등, 1980) 토양 속에서 채집한 꽃가루와 유황 성분은 최후빙기 이후에도 기후가 오르고 내리는 변화를 끊임없이 이어 왔음을 나타낸다.

약 1만 5천~1만 년 전에 강원 동해안에는 참나무속, 피나무속이 나타나지만, 나무 꽃가루는 크게 줄고 양치류 포자 비율이 높아졌다. 약 1만 5천~1만 년 전 충북 내륙에는 소나무속이 많았고, 전나무속, 가문비나무속 등 아고산성 침엽수림이 자랐다. 약 1만 4,600년 전 경남 남부에는 전나무속, 자작나무속 등이 나타났다. 약 1만 2,140년 전 충남 내륙에는 소나무속, 오리나무속, 참나무속 등이 자랐다. 같은 시기에도 지역에 따라 기후가 달랐고 그에 따라 식생도 서로 달랐음을 알 수 있다.

약 1만 3천~1만 년 전 전북 군산 앞바다인 서해분지(북위 36° 20′, 동경 124° 25′)에는 사초과(Cyperaceae)가 매우 많았고, 명아주과(Chenopodiaceae), 비름과(Amaranthaceae), 벼과(Poaceae) 식물과 한랭 건조한 빙하기 환경에 발달한 초본들이 많이 나타났다.

홀로세 동안의 나무

　신생대 제4기 플라이스토세 최후빙기가 끝나고 오늘날과 비슷한 기후가 나타난 지난 1만 2천 년 동안을 홀로세 또는 현세라고 한다. 지금으로부터 1만 2천 년 전에 마지막 빙하기가 마무리되고 홀로세가 시작되면서 한반도 주변 기후도 점차 온난 습윤해졌다. 홀로세 동안 우리나라에서는 시기별로 지역에 따라 서로 다른 식생이 우점했다.

　화분 분석에 따르면, 지금으로부터 약 1만~6,700년 전 강원도 동해안에는 참나무속이 우점했고, 잎이 두 개인 소나무속과 전나무속도 나타났다. 경북 동해안에서는 참나무속이 우점하며 목본류의 40~50%를 차지하고, 오리나무속, 개암나무속, 호도나무속, 굴피나무속, 밤나무속 등이 나타났다. 당시 기후는 온난 습윤했고 해수면도 상승한 것으로 본다.

　약 8천~5,500년 전경에는 지금보다도 더 동아시아 여름 몬순의 영향력이 커서 우리나라는 아열대성 기후였을 것이다. 그러나 중기 홀로세 이후에는 동아시아 겨울 몬순이 강화되면서 다시 한랭 건조한 기후로 변했다. 따라서 동해안에는 상대적으로 건조한 환경에서 잘 견디는 소나무속과 온대 기후 지표종인 참나무속이 주로 분포했다. 약 4천~2천 년 전 동해안에는 소나무속, 참나무속이 우점했고, 약 2천 년 전부터는 소나무속이 우점했다.

　약 1만~6천 년 전 서해안에는 상대적으로 습한 환경에서 잘 자라는 오리나무속과 온대 수종인 참나무속 등 낙엽활엽수가 우점했다. 약 6,250~

참나무속 대표 수종인 신갈나무, 강원도 설악산

1,500년 전까지 중부 이남 서해안에서는 오리나무속이 우점했으나, 약 1,500년 전부터는 소나무속으로 바뀌었다. 서해안에는 습한 환경에서 번성하는 오리나무속이 흔했고, 온대 기후에서 잘 자라는 참나무속, 소나무속 등이 많았다.

우리나라 내륙에서 꽃가루가 출토된 곳들은 주로 고고학적 유적지로, 소나무속이 많이 나타났다. 아울러 같은 시기에도 동해안, 남해안, 서해안, 내륙 등 지역에 따라 우점하는 식생이 다른 것은 지형과 기후 등 자연환경이 서로 달랐기 때문이다.(Kong 1994)

약 2천 년 전부터 소나무속이 급증한 것은 기후가 온난해진 것과 함께 인간 활동이 복합적으로 작용한 결과로 볼 수 있다. 경작지를 만들고자 숲에 불을 놓고, 산림을 개간하면서 자연 식생이 사라졌다. 숲이 사라지면서 지표에 도달하는 일사량이 많아지자 지면 온도가 올랐고, 증발산량도 많아져 토양이 고온 건조해졌다. 그 결과 주변 식생이 사라지면서 유기물 공급이 줄어들어 토질이 척박해졌다. 이런 환경에서 적응력이 높은 소나무속은 영역을 넓혀 나갔던 것으로 본다.

홀로세 후기에 소나무속 화분이 증가한 것은 산불이나 벌채 등 인간 간섭이 활발해지면서 지표면 온도가 올라가고 토양이 척박해짐에 따라 햇빛이 잘 들고 건조해졌기 때문이다. 소나무류는 척박한 토양에서 자작나무, 굴나무, 사과나무, 두릅나무, 붉나무 등과 함께 햇빛을 좋아하는 양수(陽樹)다. 이 시기에 참나무속이 줄어든 것은 벌채와 화전과 같은 인위적인 활동에 따른 것으로 본다.

특히 소나무속 화분이 많이 나타나는 시기에 식생이 파괴된 곳에서 쑥속, 명아주속, 메밀속, 벼과 초본류가 많이 나타나는 것은 자연적 원인보다는 인위적인 영향이 많았음을 나타낸다. 또한 이 시기의 퇴적층에서 흔하게 발견되는 숯도 인간에 의해 화전과 산불이 자주 발생하면서 식생을 지속적으로 간섭했음을 나타내는 지표이다. 숯이 많이 발견되는 것은 논농사보다는 밭농사를 위한 화전 등으로 개간을 했던 근거로 볼 수 있다. 동시에 3,500~1,500년 전 사이에 남부 지방뿐만 아니라 중부 지방에서도 재배하는 벼 꽃가루가 출토되는 것도 벼의 재배가 전국적으로 확산되었음을 나타낸다.

제5장

최후빙기가 남긴
큰 발자국

나무와 숲을 자세히 관찰해 보면 지역 역사와 생태, 지리를 생생
하게 기록하는 근거들이 남아 있음을 알 수 있다. 하찮아 보이는
식물이 그 땅이 겪은 고난의 역사를 생생하게 기록한 이력서 역
할을 하는 것이다. 마지막 빙하기의 고난을 뚫고 살아남은 한반
도의 나무와 숲이 특별하다는 것을 나타내는 지문이나 발자국이
무엇인지 찾아가 본다.

키 작다고 무시하면 곤란하지요 **유존종 꼬마 나무들**

동아시아 높은 산지에는 국경과 관계없이 이곳을 터전으로 삼아 혹독한 빙하기와 무더위를 뚫고 살아남은 유존종(遺存種, relict species)이 있다. 키는 작지만 강인한 이들은 지구 환경 변화를 알게 해 주는 지표 생물종이다. 동아시아생물다양성보전네트워크 활동으로 집필한 유존식물에 대한 연구(공우석 등, 2017a, 공우석 등, 2019)는 동아시아에 공통적으로 나타나는 유존식물 자연사를 기후변화와 관련해 소개하고, 우리 식물의 자연사를 복원했다. 아울러 지구 온난화가 계속될 때 유존종이 맞게 될 미래도 예측했다.

유존종은 신생대 제4기 플라이스토세 빙하기 동안 북방의 추위를 피해 생존할 수 있는 피난처를 찾아 한반도로 들어왔으며, 빙하기가 끝나고도 북쪽 고향으로 돌아가지 않고 한반도 고산과 아고산대에 자리 잡고 정착했다. 기온은 낮으면서 낮과 밤, 계절별 기온 차이가 심하고, 비가 자주 내리고, 바람이 세고, 자외선이 강렬하며 지형이 거칠고 토양이 척박한 특수한 조건에도 적응했다. 일부 유존종은 돌무더기에 쌓여 겨울에는 온화한 바람이 나오고, 여름에는 차가운 바람이 땅속에서 부는 풍혈(風穴, wind hole, air hole)과 같은 특수한 조건에 정착해 생명의 끈을 이어 가고 있다.(공우석 등, 2011, 2012, 2013)

한반도 고산과 아고산대에서 자라는 빙하기 유존종에는 북극권에서와 공통적으로 자라는 극지고산식물과 북방식물 등이 있으며, 대표적으로 나자식물 또는 겉씨식물인 눈잣나무, 설악눈주목, 눈측백, 눈향나무 등과

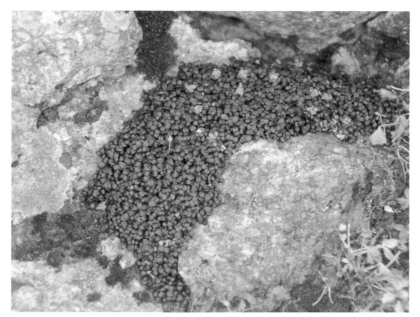

돌매화나무, 제주도 한라산

피자식물 또는 꽃피는 식물인 시로미, 돌매화나무, 노랑만병초, 홍월귤,
월귤, 들쭉나무 등이 있다.

마지막 빙하기 동아시아 식물들

최후빙기 최성기를 일컫는 마지막 빙하기(LGM)에는 기후변화로 지금보다 기온이 낮아 식생 분포 또한 오늘날과 크게 달랐다. 화분(꽃가루)과 호수 퇴적물을 분석한 자료에 따르면, 최후빙기 최성기 동안 동아시아 일대 기후는 전체적으로 오늘날보다 한랭하고 건조했다.

황사 분석 자료에 따르면, 최후빙기 최성기에 동아시아 겨울 몬순은 오늘날보다 강했고, 대류권 상부 서쪽으로부터 오는 제트기류는 더 남쪽으로 치우쳐 있어 보다 넓은 지역이 지금보다 추웠다. 최후빙기 최성기 식생을 살펴보면, 현재보다 더 춥고 건조한 당시 기후환경에 적응한 종들이 분포했다. 당시에는 대기 중 이산화탄소 농도가 산업화 이전 수준보다 80PPM 정도 낮았던 것으로 알려졌다. 따라서 춥고 건조한 기후 때문에 식물이 흡수할 수 있는 수분의 많고 적음이 생태에 크게 영향을 미쳤다.

최후빙기 최성기에 유라시아 대륙 서쪽에 위치한 스칸디나비아반도 등 북서유럽에서는 두께 3천m가 넘는 대륙 빙하가 대륙을 덮고 있었다. 동아시아에서도 히말라야산맥에서 러시아 동북쪽으로 길게 펼쳐진 산줄기를 따라 넓은 빙하가 발달했고 드문드문 고산성 빙하가 나타났다. 중국 내부를 비롯한 넓은 지역에서 한랭 건조한 조건으로 건조 지형이 나타났다.

한편 최후빙기 최성기 동아시아에 대륙 빙하가 발달하지 않았다고 해서 당시 기후가 춥지 않았다는 이야기는 아니다. 최후빙기 최성기 동안 한반도를 비롯한 동아시아 지역은 혹독하게 춥고 건조한 기후 아래 있었다

툰드라, 노르웨이 스발바르 제도

고 본다. 다만 눈을 내리게 하는 겨울 북서계절풍이 만들어지는 발원지가 바다가 아닌 시베리아 내륙이었기 때문에 수분 부족으로 강수량이 충분하지 않아 대륙 빙하가 발달하지 않았다. 빙하가 나타나지 않은 동아시아 고위도 지역은 한랭 건조해 대체로 수목이 자랄 수 없었다.

최후빙기 최성기에 접어들어 기후가 추워지면서 높은 산악 지대에 서식하는 식물 군락의 수직적 분포상 하한계선은 이전보다 산 아래쪽으로 내려갔다. 고산지대 상록수림이 스텝과 작은 상록성 잎을 가진 관목지로 바뀜에 따라 최후빙기 최성기 교목한계선의 고도 한계는 현재보다 1천m 정도까지 산 아래쪽으로 내려갔다.

최후빙기가 마무리되고 홀로세로 접어드는 때로 계절적 차이가 두드러지게 나타난 약 1만 4천~8천 년 전에 기온은 간빙기 수준까지 올라갔다. 세계 식생 분포는 약 1만 2천여 년 전부터의 시기인 홀로세에 들어 기후가 온난해지면서 오늘날과 비슷한 모습을 갖추었다. 기온이 상승하면서 삼림으로 덮여 있는 육지가 넓어졌고, 따뜻한 온도를 좋아하는 식물종이 높은 산지까지 이동했으며, 나무들이 자라는 위도적 북방한계선도 북쪽으로 옮겨갔다.

홀로세 동안 식물종 사이에 격렬한 경쟁이 이어지면서 식생대는 서서히 모습을 갖추어 갔다. 유라시아 대륙 북부에서는 홀로세 초기에 대륙 최북단까지 큰키나무가 자라는 한계선인 교목한계선이 거의 북극 해안선까지 진출했다가 약 4천~3천 년 전에 오늘날 위치로 후퇴했다.

극지고산식물의 자연사

높은 산에 자라는 고산식물(高山植物, alpine plant)뿐만 아니라 멀리 북극권에서 자라는 극지식물(極地植物, arctic plant)의 분포와 자연사도 크게 요동쳤다. 플라이스토세 기후변화와 빙하의 확장과 후퇴에 따라 고위도 극지와 중위도 고산대에 공통적으로 자라는 극지고산식물(極地高山植物, arctic-alpine plant)의 지리적 분포 범위는 크게 바뀌었다.

극지고산식물은 널리 퍼져 나갈 수 있는 산포 능력을 가지고 있어 빙상 가장자리와 그 너머에서도 살 수 있었다. 홀로세와 온난기 동안 한때 빙하로 덮여 있다가 얼음이 물러간 곳에서 많은 식물종이 경쟁적으로 분포지를 넓히며 번성했다. 홀로세에 기온이 빠르게 온난해지면서 나무들이 분포 범위를 넓히자 극지식물종은 북쪽으로 되돌아가거나 더 높은 산정 쪽으로 이동했다.(공우석, 2005, 공우석 등, 2014, 2017b) 그러나 시원한 여름 기후가 유지되는 강원도 홍천 산자락에 있는, 농구 코트만 한 좁은 풍혈 지대에는 월귤을 비롯한 빙하기 유존종인 북방계 극지고산식물이 남아 살고 있다.(공우석, 임종환, 2008)

지구 온난화가 여전히 진행 중이고 인류가 전례 없이 큰 영향을 환경에 미치고 있으므로 극지고산식물과 고산식물의 서식지는 앞으로도 축소될 것이다. 한반도에는 추위에 강한 상록활엽성 목본식물인 극지고산식물이 드물고, 고산 및 아고산 지대에 속하는 몇몇 지역에서만 발견된다. 추위에 강한 상록활엽성 목본식물의 지리적 분포 범위는 지구 온난화로 빠르게

풍혈에 자라는 극지고산식물 월귤, 강원도 홍천

줄고 있다. 특히 극지고산식물은 개체수가 적고 따뜻한 온도에 취약해 멸
종이 우려된다. 기후변화는 극지고산식물뿐만 아니라 고위도와 중간 고
도에 자라는 식물종의 생존까지 위협하고 있다.

극지고산식물 분포지는 플라이스토세의 기후변화에 따라 확대되고 축
소됐다. 오늘날 극지고산식물 대부분은 북극권이나 남극권 툰드라에 분
포하지만, 일부는 주된 분포지에서 떨어져 고립된 형태로 중위도 높은 산
지에 분포하기도 한다. 그래서 동아시아에서 한반도와 일본 열도 가장 남
쪽 가장자리에 위치한 고산대와 아고산대는 신생대 제4기 기후변화 동안

개체 생존에 매우 중요한 의미를 갖는다. 플라이스토세에 이 지역은 저온 다습한 환경을 좋아하는 식물을 위한 중요한 피난처였다. 이들은 플라이스토세 기후변화 주기를 여러 차례씩 겪고도 생존한 유존종이거나 최후 빙기 동안 남쪽을 향해 이주해 독특한 생태계를 만들었다.

한반도, 일본 열도, 동아시아의 많은 극지고산식물은 연속적으로 분포하지 않고 산꼭대기, 해안가, 풍혈과 같은 일부 특수 지형에 고립돼 분포한다. 이처럼 홀로세 이후에 극지고산식물들이 격리되어 분포하는 것은 이들이 플라이스토세 빙하기에 기후가 한랭했을 당시 지구적 규모는 물론 지역적 수준에서 연속적으로 분포했다는 것을 의미한다.

플라이스토세 간빙기에 북극권에 널리 분포하던 극지식물들은 빙하기에 접어들자 북쪽의 추위를 피해 남쪽으로 빙하기를 넘길 수 있는 1차 피난처를 찾아 이동했다. 최후빙기 최성기에 동아시아 대부분 지역은 혹독한 추위에 노출돼 있었으나, 동해와 인접한 한반도와 바다로 둘러싸인 일본 열도는 상대적으로 북극권에서 이동해 온 극지식물에게 빙하기를 넘기기 알맞은 공간이었다. 따라서 기후가 한랭해지자 극지식물은 북쪽에서 남쪽으로, 산 위에서 아래쪽으로 이동했다. 특히 러시아 극동 지역 연해주를 남북으로 달리는 시호테알린산맥과 한반도 백두산에서 지리산에 이르는 백두대간은 북방 식물의 서식지이자 이동 통로가 됐다.

홀로세가 되어 기후가 온난해지면서 빙하가 물러가자 빙하기 동안 북극권에서 동아시아로 이동해 온 북극 식물 중 일부도 자기 고향인 북극권으로 되돌아갔다. 그러나 일부는 한반도와 일본 열도에서 북극권과 비슷한 기후와 환경 조건을 갖는 높은 산으로 이동했다. 즉 저지와 산자락을 온대성 식물이 차지하자 극지식물은 경쟁력을 잃고 빙하기에 살던 서식지와 비슷한 고산대로 밀려나거나 온대성 식물과의 경쟁에 밀려 사라져 갔다.

극지식물은 홀로세의 온난한 기후에 적응하지 못한 채 더는 연속적으로 분포하지 못하고 분포역이 분리되고 단절되는 파편화(破片化, fragmentation) 과정을 겪게 됐다. 연속적 분포역이 끊기고 높은 산이나 특수 지형에 격리돼 분포하며 서식지가 분리되면서 같은 식물종이 극지와 중위도 높은 산에 서로 멀리 떨어져 자라는 극지고산식물이 된 것이다.

대표적으로 제주도 한라산 정상 일대에 드물게 자라는 돌매화나무, 들쭉나무, 시로미, 눈향나무 등과 설악산 월귤, 노랑만병초 등은 일부 좁은 공간에 살아남아 고립 격리돼 잔존하면서 북극권과 공통종으로 나타나는 극지고산식물이 되어 오늘에 이르고 있다.(공우석, 2000b)

한반도 고산대와 아고산대에서 주로 발견되는 극지고산식물은 혹독한 기후 조건, 척박한 토양, 험난한 지형, 동결 교란이 나타나는 곳에서 경쟁력이 있어 높은 산을 중심으로 생존할 수 있었다. 일부 극지고산식물종의 수직, 수평 분포 한계선은 여름에 가장 높은 기온을 나타나는 등온선(等溫線, isotherm)과 일치한다. 기후변화에 따라 한반도 극지고산식물의 미래는 불안하다.

동아시아의 극지고산식물과 고산식물

극지고산식물은 북극권뿐만 아니라 중위도 온대 지역에 있는 유럽의 알프스와 피레네, 아시아의 캅카스, 텐산, 힌두쿠시, 히말라야, 알타이, 시호테알린, 북미의 로키와 애팔래치아산맥 등 높은 산 정상 일대 추운 지역에도 공통적으로 분포한다. 고산식물은 큰 키 나무가 자라지 않는 교목한계선보다 높은 고산대와 아고산대에 분포하는 식물이다. 아고산식물(亞高山植物, subalpine plant)은 경제성 있는 목재가 생산되지 않는 삼림한계선보다 높지만 교목한계선보다 낮은 아고산대에 주로 자라는 식물이다.

북극권에 있는 툰드라 지역과 멀리 떨어진 중위도의 남쪽 높은 산지에서 같거나 비슷한 식물종이 나타난다는 것은 이들 지역이 보이지 않는 자연사적인 끈으로 이어져 있다는 뜻이다. 예를 들어 멀리 떨어진 지역이 서로 비슷한 환경 조건을 가지고 있거나, 툰드라와 같은 혹독한 환경에 적응할 수 있는 생리 생태적 능력을 가지고 있거나, 과거 한때 어떤 형태로라도 연계 관계(連繫關係, connection)가 있었다는 의미이기도 하다.

극지고산식물은 척박한 토양, 낮은 온도, 여름과 겨울 동안의 온도 차이, 거칠고 강한 바람, 짧은 생장 기간에 적응해야 한다. 그래서 시로미 같은 극지고산식물은 땅이나 바위를 덮으며 낮게 자라고, 종종 매트나 쿠션 모양을 하여 저온에도 생존하고 증발산으로 수분을 빼앗기지 않도록 적응한 모습을 갖는다.

극지고산식물은 저지대 온화한 기후에서는 경쟁에 밀리지만 혹독하고

바위를 덮으며 자라는 극지고산식물 시로미, 제주도 한라산

거친 환경에는 온대성 식물에 비해 경쟁력이 있다. 빙하기 유존종 극지고
산식물은 저지대의 더 키가 크고, 경쟁력 있는 식물들을 피해서 척박한 극
지 고산 환경에 격리돼 제한적으로 분포하기도 한다. 고산식물은 낮은 온
도, 매우 큰 밤과 낮의 기온 차이, 건조, 강한 자외선, 짧은 생장 기간을 포
함한 혹독한 고산 환경에 적응하도록 진화했다. 고산식물은 다년생 식물,
사초, 방석식물, 이끼류, 지의류 등으로 이루어졌다.

마지막 빙하기의 한반도 식물들

한반도와 지리적으로 가까운 일본 열도 고산 식생의 기원은 몇 번에 걸친 플라이스토세 빙기 동안 북쪽에서 식물이 이주한 것과 관련 있다. 오늘날 일본 열도의 고산 식생은 북아시아에서처럼 광범위한 지역에 분포하기보다는 높은 산지에 고립된 형태로 나타난다.

최후빙기 최성기인 마지막 빙하기에 한반도가 어떤 기후 환경에 있었는지, 어떤 식물이 어디에 분포했는지 직접적으로 알려 줄 만한 자료는 충분하지 않다. 다만 당시에 만들어진 지형과 일부 퇴적층의 꽃가루 그리고 현재 이 땅에 자라고 있는 식물 분포를 보고 추정하는 정도이다.

함경북도 경성군과 연사군 사이 북위 41° 40′에 있는 함경산 줄기 관모봉(2,540m)과 주변 산지에서 빙식 지형(氷蝕地形, glacial landform, 빙하가 이동하면서 침식 작용이 일어나 형성된 지형으로 권곡, 칼날능, U자형 빙식곡, 빙퇴석 등이 있다)을 볼 수 있다. 북부 지방에서 빙하 지형에 따른 마지막 빙하기의 기후적 설선은 1,300~2,100m 사이에 나타났다.(김창하, 강응남, 2004) 오늘날에는 볼 수 없는 설선이 북부 지방에 나타났다는 이야기는 당시 기후가 현재와는 비교할 수 없을 정도로 추웠다는 것을 뜻한다.

황해북도 연산군 언진산(북위 38° 50′, 동경 126° 27′) 북쪽 경사면에도 산악 빙하가 급사면을 움푹 깎아 만든 권곡이 있으며, 권곡 설선은 해발 고도 약 700m 높이에 있었다.(편집부, 1998) 이는 당시 북부 고산대 기후가 매우 혹독했음을 의미한다. 언진산에서는 아한대에서 한온대로 넘어가는 식물의 꽃가루 구성이 나타났다. 한반도 북부 산악 지대에서는 마지막 빙하기 소빙하기 때마다 산악 빙하가 형성됐다고 본다.(류정길, 1999)

빙하 지형은 백두산, 언진산 외에 금강산 일대에도 나타난다. 금강산에서는 해발 고도 1,639m 비로봉, 해발 고도 1,578m 월출봉 등의 주변으로 펼쳐 있는 고기 평탄면 위에 쌓였던 만년설에 근원을 둔 빙하가 발달했다. 빙하 한 줄기가 구룡연 골짜기를 따라 동쪽으로 6km 정도 흘러내렸으며, 다른 한줄기는 서쪽으로 동금강천 최상류를 따라 아래로 5.5km 정도 흘러내렸다.(김정락 등, 1999)

남한에서도 빙하 주변의 한랭한 기후 조건에서 만들어지는 주빙하성(周氷河性, periglacial) 지형이 강원도 대관령, 충북 내륙, 남해안 일대에서 발견된다. 이로써 플라이스토세 빙하기에는 한반도 전역이 한랭한 기후에 놓여 있었음을 알 수 있다. 한반도 마지막 빙하기 기후와 생태 상황을 알 수 있는 화분 자료가 충분하지는 않지만, 여러 자료를 종합하면 최후빙기 최성기 동안 한반도 식생이 어떠했는지 가늠할 수 있다. 최후빙기 최성기 당시 한반도 식생대는 몇 가지로 나누어 볼 수 있다.(Kong & Watts, 1993)

첫째, 고산 빙하와 주빙하 지대는 북한 백두산, 관모봉, 설령, 남포대산, 북포대산을 포함한 해발 고도 2천m 이상 높은 산지에 주로 나타난다.

둘째, 고산 툰드라나 산간 아북극 지역 식생대는 해발 고도 500~1천m 이상 최북단 산지에서 형성됐다.

셋째, 극지고산 식생대가 많은 중부와 남부의 높은 산악 지대에도 나타났다. 현재 많은 극지고산식물이 분포하는 제주도 한라산(33° 30′ N)도 영향권에 있었으며, 눈향나무, 시로미, 돌매화나무, 철쭉, 들쭉나무, 장구채, 이

눈향나무, 제주도 한라산

질풀, 잔대류, 방망이류 등이 주로 분포했던 것으로 본다.

　넷째, 한반도 서북부에서 중국 동북부에 이르는 넓은 지역이 스텝 식생으로 덮였고, 서해는 당시에는 육지였으나 현재는 바닷속 대륙붕 지역에 속한다. 스텝 초원은 극도로 낮은 습도, 낮은 강우량으로 해수면이 낮아지면서 생겼을 것으로 본다.

　다섯째, 한반도 중부와 남부 높은 산지의 극지고산식물과 고산식물이 자라는 고도 아래에는 침엽수림이 널리 분포한 것으로 본다.

　여섯째, 침엽수와 활엽수 섞여 자라는 혼합림이 중부 저지대와 남부에 널리 분포했을 것으로 본다.

한반도에서 최후빙기 최성기 직후부터 현재에 이르기까지 식생이 어떻게 연속적으로 변했는지 알 수 있는 퇴적층 속 꽃가루 자료는 매우 드물다. 그런 점에서 퇴적된 시기가 약 1만 7천 년 전까지 거슬러 올라가며, 절대 연도(絶對年度, absolute date)를 알 수 있는 탄소 연대 측정(炭素年代測定, carbon dating) 기록과 화분을 포함하는 강원도 속초 영랑호(128°35′ E, 38°12′ N, 해발 0미터) 호수 퇴적층은 매우 중요하다.(아스다 요시노리 등, 1980)

영랑호에서 채취한 호수 퇴적층 화분 자료에 따르면, 지금으로부터 약 1만 7천~1만 5천 년 전에는 가문비나무속, 잎갈나무속, 전나무속, 5개의 바늘잎을 가진 종류의 소나무속 등 한랭한 기후를 좋아하는, 지금은 백두산이나 설악산, 지리산 정상 가까운 곳에 자라는 침엽수가 이 지역을 우점했다. 아울러 쑥속 식물과 물을 좋아하는 사초과 식물 개체수가 많았고, 약간의 피나무과, 참나무속, 벼과, 미나리과, 명아주과 식물도 분포했다.

약 1만 5천~1만 년 전에는 기후가 이전보다 덜 혹독해지면서 침엽수 개체수는 줄어들고 대신 참나무속 식물과 같은 낙엽활엽수로 대체됐다. 명아주과, 미나리과, 국화과, 부들과 식물의 초본류 꽃가루도 이 시기에 나타났다.

최후빙기 최성기 이후 한반도 식생 변화를 자세히 알려면 앞으로도 연구가 필요하다. 현재까지의 자료를 바탕으로 마지막 빙하기 이후 우리나라 식생 역사를 다음과 같이 정리할 수 있다.

첫째, 최후빙기에 해발 고도 2천 m 이상 높은 산지에 일시적으로 발달한 산악 빙하와 주빙하 지역에 나타났던 전형적인 툰드라와 식생대는 홀로세에 들어 기후가 회복되면서 북쪽으로 후퇴하거나 사라졌다.

둘째, 해발 고도 500~1천m 이상 최북단 높은 산지에 위치한 고산 툰드라나 아북극 산간 지대의 식생이 산 위쪽으로 이동했고, 이들은 현재 한반도 북부 고산대와 남한의 일부 산정에 매우 제한적으로 분포한다.

셋째, 오늘날 서해 바다 밑 대륙붕에 속하는 한반도 북서부와 주변 육지에 있었던 스텝 식생은 대부분 북부 침엽수종으로 바뀌었다.

넷째, 최후빙기에 한반도 남부에 분포했던 상록침엽수와 낙엽활엽수가 섞여 있는 혼합림은 온난한 기후를 좋아하는 상록활엽수와 고온 건조한 조건에 적응한 소나무와 같은 침엽수에 자리를 내주었고, 더불어 광범위한 낙엽활엽수로 이루어진 식생대로 바뀌었다. 요컨대 오늘날 한반도의 생물지리적 기본적 지역 구조는 홀로세에 들어 자리 잡았다.(Kong and Watts, 1993)

한반도의 극지고산식물

한반도에서 극지고산식물과 고산식물이 자라는 곳은 북부 고산 지대, 북중부 아고산 지대, 남부 아고산 및 고산 지대, 북부 아고산 격리 지대 등이다. 우리나라 극지고산식물과 고산식물의 분포 유형은 한반도 전역에 분포하는 종, 북부와 중부에서만 나타나는 종, 북부와 제주도에만 나타나는 종, 남부와 제주도에만 나타나는 종, 북부 지방에만 자라는 종, 중부 지방에만 나타나는 종, 제주도에만 자라는 종 등으로 나뉜다.(공우석, 2002)

한반도 극지고산식물과 고산식물 가운데 목본류는 180여 종으로 철쭉과(28종), 버드나무과(25종), 자작나무과(21종), 인동과(21종), 전나무과(12종), 장미과(11종), 배나무과(11종) 등이다. 목본류 극지, 고산식물과 고산식물은 넓은 잎을 가지는 활엽성(闊葉性, broadleaved)이 158종이고, 바늘잎으로 된 침엽성(針葉性, coniferous)이 22종에 이르며, 외관형(外觀形, physiognomy) 또는 겉모습은 낙엽성 관목(87종), 낙엽성 교목(40종), 상록성 관목(30종), 상록성 교목(14종), 낙엽성 덩굴식물(9종) 순이다.(Kong and Watts, 1993)

한반도에 자라는 목본류 극지고산식물 17종 가운데 산백산차, 넌출월귤, 가솔송, 들쭉나무 등 4종은 북극 일대에서 한반도 북부까지 분포역이 이어지며 연속적으로 분포한다. 눈향나무, 담자리꽃나무, 천도딸기, 당마가목, 마가목, 돌매화나무, 시로미, 진퍼리꽃나무, 가는잎백산차, 애기월귤, 황산차, 월귤, 린네풀 등 13종은 북극 일대에서부터 한반도까지 중간에 분포하지 않는 장소도 있으며 격리돼 분포한다.

넌출월귤, 강원도 양구 DMZ 자생식물원

특히 목본류 극지고산식물에서 가솔송, 산백산차, 가는잎백산차, 황산차, 돌매화나무, 시로미 등 6종은 한반도가 지구상 분포의 남방한계선으로, 생물지리적으로 가치가 높아 국제적으로 관심을 받고 있는 식물이다.(Kong and Watts, 1999, 공우석, 2005)

목본류 극지고산식물 가운데 상록침엽수는 눈향나무 1종이고, 고산대에 자라는 상록침엽성 아교목은 화솔나무, 곱향나무, 눈잣나무 등이 있다.(공우석, 2004) 담자리꽃나무, 돌매화나무, 시로미, 진퍼리꽃나무, 산백산차, 가는잎백산차, 애기월귤, 넌출월귤, 가솔송, 황산차, 월귤, 린네풀 등 12종은 상록활엽성 관목이다.

전형적인 극지고산식물은 아니지만, 이들과 비슷한 분포역을 가지는 한반도 고산대 상록활엽성 관목으로는 각시석남, 화태석남, 산백산차, 왕백산차, 긴잎백산차, 애기백산차, 털백산차, 노랑만병초, 만병초, 큰잎월귤나무 등이 있으며, 낙엽활엽성 관목도 많다.

한반도 목본류 극지고산식물 17종은 북방계 상록활엽성 관목으로 한랭한 기후 조건에 적응할 수 있는 외관형과 생리 생태 조건을 지니고 있어 북한 북부 지방에 주로 분포한다. 남한에서는 설악산, 한라산, 지리산 등의 산정 일대에 격리되어 자란다.

현재처럼 지구 온난화가 계속되면 한반도에 생육하는 많은 극지고산식물과 고산식물이 멸종할 수 있다는 우려가 많다. 따라서 기온 온난화가 한랭한 기후 조건을 선호하는 식물에 미칠 영향과 대응에 대한 조사와 연구가 요구된다. 기후변화 외에 인간에 의한 토지 이용 변화도 식생대 이동을 막는 원인이다. 예를 들어 산맥, 강, 바다 등의 지리적 요인 외에 산업화와 도시화로 과거에는 없었던, 사람들이 만든 새로운 장벽 때문에 서식지

풍산가문비나무, 서울 동대문구 국립산림과학원 홍릉숲

가 감소하고 나누어지면서 식물이 새로운 서식지를 찾아 이동하는 것이 어려워지고 있다.

제주도 한라산 정상 일대에 자라는 돌매화나무, 시로미, 들쭉나무 등 극지고산식물은 고온에 민감하고 취약해 여름에 낮은 기온이 유지될 수 있는 곳을 중심으로 드물게 자란다. 플라이스토세 빙하기 동안 동북아시아 북부에서 이주한 한대성 북방계 침엽수도 일부는 살아남았으나 현재는 한반도 고산대 및 아고산대에 제한적으로 분포한다.

플라이스토세 최후빙기 최성기에 북쪽으로부터 이동해 온 침엽수종 가운데 일부 종은 한반도 내 국지적인 지형, 기후, 토양, 식생 환경에 적응해 한반도 특산종인 풍산가문비나무 *Picea pungsanensis* 와 구상나무 같은 우리나라에만 자라는 식물종이 됐다. 울릉도에 격리돼 분포하는 섬잣나무와 솔송나무도 플라이스토세의 기후변화에 따라 격리돼 분포하는 것으로 본다.

앞으로 50년 동안 기후변화에 따른 피해는 북극, 아북극, 고산, 사막 등 경관이 바뀌는 한계 지역(限界 地域, marginal region)에서 가장 두드러질 것으로 예상된다. 특히 지구 온난화 현상이 두드러지게 진행되는 동아시아에 분포하는 극지고산식물종은 생리적으로 빠르게 적응해야 하고, 온난해지는 기후 아래서 온대성 식물들과 치열하게 경쟁하면서 자리를 지켜야 한다.

현대 사회에서 지구 온난화가 생태계에 미치는 부정적인 영향은 극지고산식물과 고산식물을 포함한 추운 기후를 좋아하는 식물이나 추운 환경에 적응한 식물상에서 특히 두드러진다.(Kong, 1991, Koo et al, 2015) 여러 종류의 유존종이 남아 있는 고산대, 아고산대에서 한대성 식물의 생물 다양성이 감소하고, 공간적 분포는 축소되거나 최악의 경우에는 멸종할 것으로 보인다. 결국 기후변화는 생태적 약자인 동아시아 극지고산식물의 운명을 위협하고 있다.

동아시아 고산대와 극지에서 발견되는 극지고산식물은 과거의 기후 환경, 특히 플라이스토세 빙하기를 거쳐 진화한 식물의 후손으로 격리돼 분포한다. 자칫 사라질 수 있는 빙하기 유존종은 아직까지 알려지지 않은 많은 이야기를 담고 있다. 또한 극지고산식물은 미래 세대를 위한 중요한 자연 자산으로 특별한 관심이 필요하다.

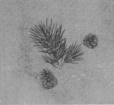

제6장

사람들과 함께
부대끼며 살아온
나무들

사람들이 머물다 간 자리에는 언제나 의식주를 해결하면서 남긴 흔적이 있다. 한반도에 인류가 등장한 이래 숲에 있는 나무를 어떻게 이용했는지에 대한 체계적인 정보는 많지 않다. 선사 시대부터 오늘에 이르기까지 사람들과 나무 그리고 숲은 어떻게 부대끼며 살아왔는지 알아본다.

한반도에서 구석기 시대 인류가 활동한 흔적은 드물게 나타난다. 구석기 시대 가장 오래된 선사 문화 가운데 하나는 지금부터 약 60~40만 년 전 것으로, 북한 학자들이 주장한 평양시 상원군 검은모루 유적이다. 당시 원인(猿人, ape-man)은 정착해 생활하지 못하고 무리를 지어 떠돌아다니면서 사냥과 채집 생활을 했다. 당시 인류는 주먹 모양 도끼 등을 손에 쥐고 도끼날로 나무를 찍어 다듬거나 땅을 팠다.(최태선, 1977) 따라서 초기적이지만 돌로 만든 손 도구를 사용해 주변 나무를 자를 수 있었다.

10만 년 전 구석기 중기에 북한 평남 덕천과 평양 역포의 인류는 나무를 벌채할 때 짜르개를 사용했다. 구석기 시대 후기에는 함경도에서 제주도까지 인류가 활동했다. 인구가 증가하고 거주지가 넓어지자 숲의 파괴와 간섭을 피할 수 없었다.

인류가 자연 발생한 불을 이용하기 시작한 것은 구석기 시대 전기로 보지만 유적지에서는 모닥불이나 화롯불을 피운 흔적인 불무지 자리를 볼 수 없다. 구석기 전기에 구석기인은 불씨를 얻기 어려웠고, 멀리까지 불을 가지고 다니기 힘들어 생활에서 불을 널리 이용하지 못했다.

사람들이 인공적으로 불을 일으킨 것은 구석기 시대 중기부터였다. 불을 사용하면서 사람들은 추위를 견딜 수 있고, 짐승으로부터 자신을 보호하고, 사냥에도 활용했다. 고기나 열매를 불에 익혀 먹으면서 인류가 먹을 수 있는 식료품 종류는 다양해졌다. 구석기 시대 중기의 평양 승호구역 화천동에서 불무지 자리가 발견됐고, 충북 청원 두루봉 새굴, 단양 수양개, 충남 공주 석장리 등에서는 물푸레나무, 오리나무, 소나무 숯이 나왔다. 구석기인은 불을 활용하면서 자연스럽게 주변에서 나무를 구해 사용했을 것이다.

구석기인은 초기에 살던 동굴이나 바위 밑 같은 곳이 아닌 한데 유적(강 가나 못가에서 일시적으로 막집 따위를 짓고 살거나 그대로 지낸 자리)에서 나무, 풀, 짐승 가죽 등을 이용해 집을 지어 생활했다. 집터에서 발견된 화덕자리는 인류가 오래전부터 불을 사용했음을 나타낸다.

불을 사용해 난방과 취사를 하고, 동굴에서 벗어나 집을 지어 생활하면서 주거지 주변에서 숲의 간섭이 이어졌다. 짜르개를 사용해 나무를 벌채하고 난방, 취사, 사냥, 방어 등을 위해 불을 사용하면서 숲이 계속 파괴됐다. 특히 구석기 중기부터는 불을 지펴 다루는 기술이 발달하면서 더 많은 나무가 잘려 나갔다.

구석기 전기에는 주먹 모양 도끼를 사용하고, 중기부터 짜르개를 쓰고 불을 피워 일상생활을 하면서 식생에 대한 인간의 간섭이 커졌다. 구석기 시대 사람은 숲을 파괴하기도 했지만, 의례나 장식 등 여러 목적으로 나무나 꽃을 사용했다. 충북 청원 두루봉 동굴 입구에는 진달래 꽃가루가 무더기로 발굴됐는데, 특별한 의식을 위해 구석기인이 꽃을 바친 것으로 여긴다. 시간이 지남에 따라 사람들은 주변 식물을 보다 적극적으로 이용할 수 있게 되었고, 나중에는 터득한 기술을 바탕으로 식물을 재배하기에 이르렀다.

신석기 시대 숲의 간섭

한반도에서 신석기 시대인 약 7천~4천 년 전에는 구석기 시대에 비해 자연 식생의 간섭과 파괴가 두드러졌다. 서울 강동구 암사동 신석기 시대 유적에서 숯이 많이 섞인 불에 탄 돌무더기가 발견됐다. 신석기 시대에 토지를 개간하는 기술은 먼저 나무와 숲을 없애고 찍어 낸 나무를 말리는 것으로 시작한다. 다음으로 그 자리에 불을 놓아 남아 있는 뿌리와 그루터기까지 태워 밭을 만들었다. 나무와 숲을 벌채하는 과정에서 돌도끼가 이용됐다. 신석기 시대 전기에는 괭이를 이용해 농사를 지었고, 2천 년 전부터

돌도끼, 국립중앙박물관

는 사람이나 짐승이 끄는 보습을 이용해 보습농사를 했다.(사회과학원 민속학연
구실, 1993)

불을 놓아 산림을 태운 뒤 재가 완전히 식기 전에 돌보습과 돌따비를
가지고 파종 구멍을 파거나 고랑을 만들어 씨를 뿌렸으며, 작물이 자라서
익으면 돌낫으로 이삭을 따서 수확했다. 그러나 한 번 개간한 땅은 3년 정
도 경작하면 척박해지므로 새로운 숲을 개간했다.(이현혜, 1998) 신석기 시대
에 사람들이 한곳에 정주하면서 다양한 도구를 이용해 조, 피, 기장, 수수
등의 작물 재배, 집짓기, 땔감, 무기 제작, 먹을거리 채취 등을 위해 숲을
베어내고 불을 지르는 행위가 계속되면서 식생 훼손과 파괴도 이어졌다.

신석기 시대 초기에는 사람들이 거주하는 저지와 해안을 중심으로 숲
이 파괴됐고, 중기에는 토지 생산성이 낮았기 때문에 주거지 주변에 밭을
만들면서 식생이 크게 훼손됐다. 신석기 시대 후기에 이르면 섬과 내륙으
로 인구가 이동해 퍼져 가면서 새로운 농경지과 주거지를 확보하고자 자
연 식생 간섭이 나타났다.

청동기 시대 숲의 간섭

한반도에서 청동기 시대는 기원전 10세기경부터 시작되어 4세기까지 이어졌다. 인구가 늘어나면서 주거지와 경작지가 넓어지고 숲은 줄어들었다. 청동기 시대 주거 양식은 움집으로, 대체로 강을 바라보는 고도가 낮은 구릉에 위치했고, 집자리 면적도 조금 넓어졌다. 주거지가 주변으로 퍼지면서 집 주변 숲은 점차 사라진 것으로 본다.

청동기 시대에 도구를 만든 재료인 청동은 700~800℃에서 녹고, 구리는 1,083℃에서 녹는데,(손영종, 조희승, 1990) 청동을 녹일 나무 땔감을 마련하고자 숲을 뱄다. 청동기 시대 충북 청원 궁평리 유적 가마터와 움터에서는 화력이 좋고 오래 타는 참나무류, 산사나무류, 개살구나무류, 오리나무류, 느릅나무류, 팽나무류, 소나무류 등의 숯이 나왔다.(박원규, 1995)

그 가운데 상수리나무_{Quercus acutissima}는 목재 재질이 단단해 도구나 건축 자재로 널리 쓰이고, 숯을 만들면 열량과 지속성이 뛰어나며, 열매도 먹을 수 있는 등 쓰임새가 많아서(이선, 2006) 선사 시대부터 널리 이용되고 길러졌다. 우리나라 마을 뒷산에서 소나무와 함께 가장 많이 자라는 나무가 상수리나무라는 것은 숲의 천이와 사람들의 쓸모가 고루 반영된 생태적 산물이다.

4천 년 전부터 청동을 다른 쇠붙이와 합치는 야금(冶金)이 시작돼 도끼, 칼, 끌 등의 노동 도구를 생산하면서 제련과 연마를 위해 많은 양의 숯 등 연료가 필요했다. 나무를 벌목해 가공하는 도구가 발달하고 새로운 농기구를 만들면서 경작지는 더 빠르게 넓어진 동시에, 도구를 만드는데 나무 연료가 널리 사용되면서 주거지 주변 숲 면적은 갈수록 줄었다. 특히 벌목용 대형 도끼를 사용하면서 나무의 벌채 속도는 훨씬 빨라졌다.

청동기 시대에는 농경, 어로, 가축 기르기 등을 하면서 생활했고, 본격적으로 곡물을 재배하는 농경이 발달했다. 사람이 끌던 보습농사가 가축을 이용한 보습농사로 바뀌면서 노동 생산성이 높아져 이전보다 넓은 농경지를 개간하게 되었다. 작물을 경작한 뒤 10여 년을 묵히는 휴경 농법(休耕農法)은 땅을 한두 해씩 묵힌 뒤 농사짓는 역전 농법(易田農法)으로 바뀌었다. 주요 도구로 턱자귀, 홈자귀, 바퀴날 도끼, 톱니날 도끼와 대형 벌목용 도끼 등을 이용해 벌채하여 경작지를 만들고 작물을 재배했다. 특히 농경지를 만들기 위해 화전이 성행하면서 식생은 빠르게 파괴됐다.

철기 시대 숲의 간섭

우리나라에서 철기 시대는 기원전 300년경부터 삼국이 정립된 서기 300년경까지로 보며, 기원전 100년 이후에는 쇠도끼, 쇠낫, 철제 보습, 나무후치, 쇠낫 등과 함께 삽, 괭이, 낫 등의 농기구와 도끼, 자귀, 끌 등 다양한 공구를 사용했다.(박영초, 1988) 쇠낫은 3세기 후반부터 널리 사용했는데, 곡식을 거두거나 풀을 베고 목공구로도 사용했다.(박호석, 안승모, 2001) 철기 시대 초기의 철제 도끼는 10cm 미만 목재 가공용 도끼, 14~15cm 이상 나무 벌채용 중대형 도끼, 길이가 25cm를 넘는 대형 철제 도끼 등 다양했고, 벌목과 나무 가공뿐만 아니라 농경지 개간도 활발해졌다.(이현혜, 1998) 쇠도끼,

쇠도끼, 국립김해박물관

자귀나 쇠낫을 이용해 나무를 벌채하고 가공하면서 숲의 파괴 속도는 급격히 빨라졌다.

철기 시대에 이르러 깊숙한 움집은 지상 가옥으로 바뀌었다.(사회과학원 민속학연구실, 1992) 쇠도끼 등 철로 만든 농기구로 산림을 개간해 농경지를 확장하고, 지상에 집을 지으려고 나무를 벌목하면서 강 유역, 구릉, 야산 등을 중심으로 자연 식생의 간섭이 심해졌다. 수레, 베틀, 나무배, 칠기, 나무 그릇 등을 제작하면서 일상생활에서도 나무 수요가 늘자 간섭이 보다 널리 꾸준히 이어졌다.

철기 시대 초기부터 발견되는 목재 가공용 도끼, 나무 벌채용 중대형 도끼, 대형 철제 도끼가 함북에서 제주까지 널리 분포한다는 사실은 전국적으로 벌목과 목재의 이용이 널리 퍼져 있었음을 나타낸다. 철제 도끼의 이용으로 삼림 벌채가 쉬워졌고, 다양한 공구의 사용은 새로운 농경지 개간을 부추겼다.

고조선 시대에는 나무를 이용해 수레, 베틀, 나무배, 칠기, 나무 그릇 등을 제작했으며, 역시 그 과정에서 산림이 벌채됐다. 당시 대표적인 집은 온돌 난방 시설을 갖춘 지상 가옥이었는데, 이때부터 난방에 지속적으로 땔감이 소비되면서 숲이 줄었다.

선사 시대 자연 식생 간섭을 가져온 주요 활동으로는 구석기 시대 전기 석기의 보급과 불의 사용, 신석기 시대의 정착 생활과 농경 활동, 청동기 시대의 제련, 철기 시대의 철제 생활용구의 제작과 보급 등을 들 수 있다.

서력기원을 전후한 삼한, 삼국 시대에는 철제 농기구가 보급되고 가축을 이용해 논밭을 갈면서 개간 능력이 커지자 밭의 면적이 늘어났다. 즉 농경 기술 발전을 기초로 한 경작지 확대가 활발해지면서 산지 개간과 식생 파괴가 심해졌다. 삼국 시대에는 아궁이와 굴뚝이 완비되고 온돌을 덥혀 따뜻한 온돌방에서 생활하는 우리 민족 주거 생활의 기초를 갖추었다.

《구당서(舊唐書)》(945) 기록에 의하면, 서기 668년까지 유지된 고구려에서는 겨울철에 방고래 또는 구들골을 이르는 장갱(長坑)을 만들어 불을 때 따뜻하게 했다. 따라서 고구려 때부터 온돌을 사용했고, 뒷날 한반도 전역에 온돌이 보급됐다.(최상수, 1988) 온돌에 사용되는 땔감을 공급하기 위한 벌채는 피할 수 없었다. 고구려는 제철업이 발달해 농기구와 공구 제작이 뛰어났다. 1천℃ 이상 고온으로 토기와 철을 제작할 때 많은 목재를 연료로 사용하면서 숲이 파괴됐다. 고구려는 삼국 가운데 밭농사가 가장 왕성해서 밭을 개간하면서 많은 산림이 사라졌다.

백제는 기원전 18년부터 서기 660년까지 번성한 국가로 도끼, 자귀, 톱 등을 사용해 나무를 벌채하고 목재를 가공한 목조 건축 문화가 발달했다. 백제에서는 밭농사와 논농사를 고루 했다. 철제 농기구를 이용해 농업 생산성이 높아지면서 농경지를 넓히기 위한 벌채 속도가 빨라졌다. 백제는 철제 농기구와 소를 이용해 땅을 갈아 농사를 지었기 때문에 농업 생산성이 높았다. 또한 논벼를 1세기 초에 처음으로 재배해 논 비율이 높았으나,

보리, 콩을 기본 작물로 하는 밭농사도 지었다. 따라서 구릉지와 산간에서 개간을 통해 많은 경작지가 조성되는 과정에서 숲이 많이 사라졌다.

백제에서는 사철(沙鐵, iron sand)과 참나무 숯을 쌓아 놓고 발로 밟는 송풍 장치로 공기를 불어넣으면서 1,200℃ 이상 열로 쇠를 녹여 쇠스랑, 낫, 호미 등 철제 농기구를 만들었다.(손영종, 조희승, 1990) 당시 공구 가운데 채벌용 도끼, 자귀, 톱 등은 산림 벌채와 관련 있다. 백제에는 산림 벌채나 가공과 관련된 공구가 많고, 목재를 가공하는 기술도 뛰어나 일상생활에서 목재에 대한 수요가 높아 벌채가 성행한 것으로 본다.

신라는 서기 935년까지 지속된 국가로, 쇠를 만들고 다루는 제철야금업(製鐵冶金業)이 발달했다. 도끼, 톱, 자귀, 끌 등을 이용해 나무를 다루는 기술이 발달했고, 배, 수레, 그릇 등도 잘 만들었다. 특히 도읍인 경주에서는 숯만으로 취사와 난방을 하면서 많은 나무가 땔감으로 소비돼 숲이 지속적으로 파괴됐다.

신라에서는 국가 주도로 적극적으로 숲을 개간하면서 식생이 많이 파괴됐다. 신라는 백제보다 밭농사가 발달해 밭을 개간하면서 산림이 많이 훼손됐다. 한반도에서는 기원전부터 소나 말을 농사에 부렸고, 신라에서는 6세기에 가축을 이용한 밭농사가 활발해져 산지를 개간하면서 숲이 줄었다.

가야에서는 서력기원을 전후부터 제철 수공업이 발달해 각종 무기와 대형 철제 가래, 보습, 낫, 도끼, 자귀와 같이 나무 가공에 이용된 공구를 많이 사용했다. 철제 농기구를 만들어 더 넓은 토지를 개간해 경작했으며, 배 제작 기술도 뛰어나 각종 철기를 생산하고 활용하면서 식생 파괴를 피할 수 없었다.

고구려, 백제, 신라, 가야에서 널리 사용된 도끼, 자귀 등은 삼국 시대에 숲의 벌채와 목재 가공이 널리 퍼졌고, 그에 따라 자연 식생의 간섭도 이어졌음을 나타낸다. 당시 경작지를 개간에 적용된 기술은 불놓기(火入)에 의한 숲 개간, 가축의 힘으로 끄는 큰 보습을 이용한 황무지 개간 그리고 쇠도끼, 쇠괭이, 쇠호미, 쇠도끼, 쇠보습 등을 이용한 개간 등이었다. 자연 식생의 벌채와 개간은 특히 곡물을 중심으로 한 밭농사가 주를 이루었던 고구려와 신라에서 활발했다.

삼국 시대에는 아궁이와 굴뚝이 완비되고 온돌 생활이 널리 보급됐다. 특히 신라 경주에서는 취사에도 숯을 사용한 기록이 있어 숯의 생산을 위해 많은 나무가 벌채됐다. 오늘날 경주 주변에 자라는 소나무들이 대부분 곧거나 굵지 않고 구부러져 자라는 것이 오랫동안 좋은 소나무를 베어 쓴 탓이라는 의견도 있다.

삼국 시대에 사람들은 숲의 나무를 자르기만 한 것은 아니고 숲을 가꾸기 위해 나무를 심었다. 234년에는 소나무, 해송 등을 능묘에 심었고, 길가, 마을을 지키는 보안림을 조성했다. 수자원을 보호하고, 목재를 생산하고, 구황작물을 심었다. 890년에는 주요 나무 다섯 가지를 이르는 오목(五木)으로 소나무, 대나무, 옻나무, 닥나무, 뽕나무를 심었다. 904년에는 밤나무를 식재했고, 1036년에는 배나무를 과수, 가로수로 식재했다. 1146년을 전후에서는 옻나무, 닥나무, 1165년에는 측백나무, 전나무, 가문비나무, 잎갈나무, 1188년에는 대추나무, 1437년에는 상수리나무, 굴참나무 등을 널리 심었고, 소나무, 졸참나무, 떡갈나무 혼합림을 조성했다. 1453년에는 느티나무, 피나무를 식재했고, 1481년에는 오동나무를 심었다. 송충의 구제는 1100년부터 시작되었다.(임경빈, 1993, 이천용, 2002)

척박한 산자락의 소나무 숲, 경북 경주

통일 신라 때도 농사용 가래, 쇠스랑, 삽, 보습 등과 벌목을 위한 낫, 자귀 등을 사용해 숲을 간섭하면서 자연 식생이 교란을 받고 파괴됐다. 통일 신라에서는 논의 개발이 차츰 어려워졌고, 6~7세기를 경계로 밭 면적이 더욱 늘어나서 논 면적을 앞질렀다. 밭이 늘면서 산지 자연 식생이 지속적으로 훼손됐다.

고려 시대 숲의 간섭

고려 시대에는 화전, 개간으로 경작지를 확대했고, 땔감, 건축재, 조선재, 불경 제작, 광업 등을 위해 많은 나무를 베었다. 이에 더해 전란으로 숲이 피해를 보면서 산은 점차 헐벗었다. 그러나 자연 식생을 벌채하기만 한 것은 아니어서 여러 종류의 작물과 함께 열매를 얻기 위한 유실수(有實樹), 뽕나무, 소나무 등 경제적으로 가치 있는 나무들을 심었다. 또한 무질서한 산림 이용을 막고자 땔감 채취 지역을 제한했다.

하지만 불을 이용한 산지 개간이 활발해 산림 피해도 많았다. 《고려사(高麗史)》(1451)에 의하면, 광종 24년(973)과 예종 6년(1111)에 산지 개간을 장려하는 국가 정책으로 산에 불을 놓으면서 산림 피해가 많았다고 한다. 고려 성종 6년(987)에는 2~10월 사이에는 산과 들에 불을 놓은 것을 금지했으며, 예종 때도 화전의 부작용에 대해 걱정했다.(이만열, 1996) 즉 고려 시대에는 원시적인 이동식 농사에서 한곳에서 농사를 짓는 정주식(定住式) 화전 농업으로 바뀌면서(민병근, 1996) 개간을 위한 산지 불놓기로 산림 피해가 많았다. 중국 사신 서긍(徐兢)이 고려를 다녀와 쓴 《고려도경(高麗圖經)》(1124)에는 평지뿐만 아니라 산간 및 산비탈에까지 다락밭을 만들면서 숲이 줄었다는 기록이 있다.

한편 충숙왕 당시(1326) 조정의 신하, 군사, 국가 유공자들에게 준 임야를 사유화했다는 기록이 있다. 따라서 백성이 땔감을 채취할 곳이 줄어 공동 임야에서 집중적으로 연료를 채취하면서 산림 피해가 커졌다.(산림청, 1989)

이미 고려 때 숲에서 공유지의 비극이 나타났던 것이다.

또한 산에 일군 밭인 산전(山田)과 임야 개간이 활발해 밭 비율이 더욱 높아졌다.(이현혜, 1998) 인구가 증가하면서 경작지는 북쪽과 산의 높은 쪽으로까지 확장됐다.(이춘령, 1968) 12세기에는 경작지가 산지에 많았는데 산지와 평야가 만나는 곳까지 밭이 확대되면서 자연 식생 파괴를 가져왔다.

고려 광종 24년(975)에 땅을 개간해 경작하는 사람에게는 세제상 혜택을 주고 묵밭도 다시 경작하도록 했다. 성종 6년(987)에는 군사들의 병기를 거두어 농기구를 만들 정도로 농사를 권했다. 농경을 적극적으로 권하면서 마을 주변의 산지 개간을 피할 수 없었다. 늦은 여름 묵밭의 풀과 관목을 낫으로 베고 이듬해 봄에 불을 놓은 뒤 보습으로 땅을 갈고 정리해 밭을 만들었다. 이 농법은 간편하고 효율이 높으며 개간 뒤 2~3년 동안은 잡초와 병충해 피해도 적었다. 개간 초기에는 참깨를 막 뿌려 재배하고 1년 후 풀과 나무뿌리가 썩어 땅이 비옥해지면 농사를 짓는 방법은 16~18세기까지 이어졌다. 농경 방법이 발달하고 경작지가 넓어지면서 주변의 숲도 줄어들었다.

수많은 외침을 받아 발생한 산불 피해도 식생 파괴를 부추겼다. 13세기 몽골 침입에 따라 산림이 불에 타서 사라졌다. 현종 원년(1009)부터 정종 3년(1037)에 이르는 28년간 거란, 여진, 왜구의 침입으로 파괴된 궁궐과 민가를 다시 짓고자 나무를 벌채했다. 고려 시대에는 많은 함선과 어선을 건조한 기록이 있어 배를 만드는 과정에서 우량한 산림이 벌채됐다. 원종 14년(1273)에는 몽골에 사원을 짓고자 500명 규모의 벌목단을 울릉도에 보내 벌채했다. 원종 15년(1274)에는 원나라가 고려에 전함 900척을 요구해 제주도, 전라도 부안 변산, 나주 천관산의 산림이 배를 만들기 위해 잘려 나갔다.(김의원, 1989) 현종 1년(1009) 창을 싣는 배인 과선(戈船) 75척이 건조됐다는 기록도 있다.(전상운, 1974) 즉 많은 배를 건조하고자 좋은 나무들을 벌채하면서 울창한 숲이 사라졌다.

충렬왕 17년(1271)에 이르러 산림의 70퍼센트 이상이 모두 벌채돼 농경지로 이용됐고, 몽골 침략 이래 100년간은 산림 수탈기였다.(김장수, 1994)

고려 때 인구가 많았던 개경 등 큰 고을 주변은 산림 벌채로 풍치 파괴, 토양 침식, 수목 생장 불량 등 부작용이 커졌다. 정종과 예종 때는 경성 명산에서 연료 채취를 금하고, 개성 송악산 산록에 소나무를 심으면서 소나무 숲이 흔해졌다.

불교의 힘을 빌려 외침을 막으려 만든 팔만대장경은 1011~1087년에 걸쳐 완성됐으나 1232년 몽골 침공으로 초판대장경, 속장경 판목이 모두 소실됐다. 1236~1251년까지 다시 대장경을 판각해 만든 것이 해인사 팔만대장경이다. 팔만대장경 경판 수는 8만 1,258판에 이르며, 각 판은 가로 24cm, 세로 65cm, 높이 4cm 크기에 무게 2.4~3.75kg이다. 경판 재료로 산벚나무 같은 수종이 선택적으로 벌채되어 피해가 컸다.

고려 시대에 농경지를 만들려고 산을 개간하고, 집을 짓고, 도구를 만들고, 온돌을 이용하면서 숲의 파괴가 이어졌다. 온돌은 난방과 취사를 동시에 해결하는 효과적인 방식이었으나, 땔감을 조달하는데 많은 양의 나무가 벌채됐다. 당시에는 온돌 난방 풍습이 널리 보급되고 방안 전면을 구들 고래로 연결하는 전면 온돌로 발전했다.

고려 시대에 숲을 훼손한 요인으로 광업도 있었다. 고려 말 조선 초에는 전국 각지에 철, 금, 은, 연, 동을 생산하는 99개소의 고을이 있었다. 특히 철을 생산하는 고을에서 낫, 보습날, 삽, 괭이, 호미, 쇠스랑, 가래 등 농기구와 자귀 등 공구를 만드는 과정에 땔감이 소비되고 공구를 농사와 벌목에 사용하면서 숲이 파괴됐다.

그런데 《고려사》〈식화지(食貨志)〉에 의하면, 명종 18년에 곡물과 함께 밤나무, 잣나무, 배나무, 대추나무 등을 심어 이윤을 얻도록 했다. 《고려도경》과 《향약구급방(鄕藥救急方)》(1236)에는 밤, 잣, 배, 대추, 앵두, 개암, 비자, 능금, 오얏, 복숭아, 배, 대추, 감, 호두, 포도 등을 재배했다고 수록되어 있다. 《고려도경》〈토산조(土産條)〉에 따르면 산간 다락밭에는 밤, 복숭아, 오얏, 대추 등을 재배해 산세(山稅)와 잡세(雜稅)를 냈다. 이는 나무 심기에 대한 가장 오래된 구체적인 기록 중 하나로, 고려 때 벌목과 함께 인공인 나무 심기가 성행한 증거다.

고려 초기에는 경작하지 않는 곳을 개간해 경작할 경우 세제상 혜택을 주는 국가의 개간 장려 정책과 인구 증가에 따라 임야 개간이 활발했다. 그 결과 산간이나 산비탈에도 다락밭이 많이 조성되어 밭 비율이 높아졌다. 새로운 밭은 12세기 이후에도 계속 만들어졌는데 수평적으로는 북쪽과 해안 쪽으로, 수직적으로는 산지로 확장되면서 산림 피해가 심해졌다. 그러나 묵밭만으로는 경지에 대한 수요를 충족시킬 수 없었으므로 산비탈까지 개간해 농경지를 만들었다. 그 과정에서 일시적으로 경작하지 않아 자연적인 천이가 진행되던 묵밭이 다시 개간되고, 화전으로 경작이 거의 불가능한 곳까지 새로운 밭을 만들면서 자연 식생이 훼손됐다. 화전은 잡초와 병충해 피해가 적은 개간 방식으로 18세기까지도 계속됐다.

땅을 일정한 기간 묵인 후 경작하던 농법이 11세기에 없어지고, 해마다 씨를 뿌리고 거두는 농법이 산비탈 밭에도 시행됐다. 14세기 말에는 서해안과 중부 이남에도 확대됐다. 따라서 천이를 통해 경작지에 식생이 발달하는 것은 기대할 수 없었다.

　고려 시대에 밭은 수평적으로는 북쪽으로, 수직적으로는 산지로 확대해 경지를 넓히면서 자연 식생이 파괴됐다. 또한 연안으로 경작지가 확대되면서 산지가 아닌 바다 가까운 곳에서도 자연 식생의 파괴와 간섭이 심했다.

조선 시대 숲의 간섭

　조선 시대에는 산림을 보호하는 제도가 마련돼 있었으나 땔감, 경작지 확장, 화전, 목재, 전란 피해 등으로 산림 훼손이 많았다. 조선 시대 법전 가운데 산림 시책을 다룬 것은《경국대전(經國大典)》(1485),《속대전(續大典)》(1476),《대전통편(大典通編)》(1785),《대전회통(大典會通)》(1865) 등이 대표적이다.

　《경국대전》은 우리나라 법전 가운데 가장 오래된 것으로〈공전(工典)〉식재조 본칙(本則)에 '여러 고을의 옻나무, 뽕나무, 과목의 수와 닥나무, 완전(莞田), 전죽(箭竹)의 산지는 대장을 작성하고 기른다'라고 기록하고, 나라에서 나무를 베지 못하도록 한 금산(禁山)에서의 벌목과 방화를 금지했다.

　《속대전》에 의하면, 나뭇결이 누런 소나무인 황장목(黃腸木)을 키우는 보호 구역인 봉산(封山) 가운데 경상도(안동, 영양, 예천, 영덕, 문경, 봉화, 영해 등)와 전라도(순천, 거마도, 여양, 절금도, 강진, 완도 등)에서는 10년에 한 번 벌채하고 강원도(삼척 등 22개 읍)에서는 5년에 한 번씩 벌채해 재목감을 골라냈다. 또한 봉산의 소나무를 함부로 벤 자에게는 벌을 물었다.

　《대전통편》에는 금산에서 금송을 자른 사람은 사형에 처하고 아홉 그루 이하를 벤 사람은 지방이나 섬으로 보내 감시를 받으면서 살게 하는 형벌인 정배(定配)를 보냈다고 했으며,《대전회통》은 선송산(宣松山)에서 선재를 자기 마음대로 허가하고 벌채한 사람은 처벌한다고 했다.(전영우, 1994)

　조선 시대에는 고려 때 문란했던 산림의 사유를 금지하는 훈령을 여러 차례 발표했다. 그러나 성종은 공주에게, 연산군은 왕자들에게, 중종은 성균관 유생들에게, 명종은 세도가들에게 땔감을 채취할 수 있는 숲인 시장(柴場)을 하사했다.(한국임정연구회, 1976) 따라서 사적으로 점유되지 않은 산지를 중심으로 일반 백성의 땔감 채취가 집중되면서 산림이 파괴되고 산사태가 나타나는 등 공유지에서 나타나는 부작용이 뒤따랐다.

조선 초기에는 농업 인구가 전체 다수를 차지했지만, 농경지가 좁고 토지 생산성이 낮아 식량 확보를 위해 농토를 늘려 나갔다. 또한 밭농사가 70% 이상을 차지해 산지 개간과 화전으로 숲이 파괴됐다. 경작이 가능한 농지는 작물 재배에 대부분 이용돼 개간된 농지가 자연적인 천이 과정을 거쳐 식생을 회복하기는 힘들었다.

조선 시대에는 변경을 지키는 군인들이 황무지를 개간해 식량을 생산하게 하는 국둔전(國屯田)을 설치했다. 조선 세종 10년(1428), 개간에 관한 조선 전기의 첫 기록이 있다.《농사직설(農事直說)》(1429)에 따르면, 산지에서 초목이 무성한 곳을 개간할 때는 우선 불을 놓아 태우고 간 지 3년에서 4년 후 비옥도를 보아 거름으로 썼다.(김영진, 이은웅, 2000)

조선 초기에는 밭작물을 재배하고자 밭을 많이 개간했다. 그러나 후기에 밭을 논으로 바꾸면서 밭작물을 재배할 새로운 밭을 만들고자 개간과 화전을 하면서 숲이 파괴됐다. 인구가 증가하자 농지를 넓히는 정책이 도입됐고, 산지가 개간되면서 자연 식생은 점차 면적이 줄었다. 밭농사와 논농사에 있어 다양한 품종과 재배 방법을 소개한 전문 서적이 편찬될 정도로 작물을 재배하고 나무를 기르기 위한 기술이 발달했다.

조선 조정은 농경지 내 토지 생산성 증가만으로는 인구를 먹이는 데 어려움이 있음을 알고 농경지를 넓혔다. 15세기까지는 밭농사 중심 농업으로 산지 개간과 화전이 늘면서 숲이 파괴됐다. 조선 후기에도 농지를 확장

밭농사, 강원도 정선

하고, 화전을 일구면서 숲이 줄었다. 그러나 개간한 경지의 지력은 곧 척
박해지므로 새로운 농지를 확보해야 했고, 이로써 산지 자연 식생의 파괴
가 이어졌다.

조선 시대에는 개간에 의한 경지 확대, 각종 농기구와 축력을 이용한
농경, 복합 영농 방식 등 농업 발전을 가져와 전국적으로 자연 식생의 간
섭과 파괴를 부추겼다. 특히 밭농사 작물에 대한 기록이 많은 것으로 보아
당시 취락 부근에서 개간이 활발했음을 알 수 있다.

지역별로는 조선 초기에 남부에서는 경상도와 전라도를 중심으로 논농사를 짓고, 강원도와 북부 지방에서는 밭농사가 활발했다. 밭 비율이 높은 함경도, 평안도, 강원도를 중심으로 산지를 개간해 밭을 만드는 일이 흔했고, 그 과정에서 산지 개간으로 인한 숲의 파괴가 활발했다.

조선 중엽까지 임자 없는 빈산이라는 무주공산(無主空山)의 태도 때문에 숲을 마음대로 벌채하고 농사를 짓는 것이 흔했다. 또한 심한 과세 부담, 부역, 지주의 약탈 등으로 영세한 농민들은 생계를 유지할 길이 막막해 산으로 들어가 화전을 시작했다. 화전과 산지를 개간한 곳에서는 두류, 서류, 채소류 등 환금 작물을 길렀다. 토지가 없는 사람들은 화전을 통해 안정적인 수익을 얻을 수 있었기에 숲을 베어 내고 경작지를 만드는 일을 멈추지 않았다.

조선 후기에는 기존 논밭을 넓히고 화전도 하면서 경작지를 늘렸다. 그 결과 고려 말에 60만 결이었던 농지는 조선 태종 때는 120만 결, 세종 때는 160만 결에 이르렀다.(이성우, 1993) 화전이 전국적으로 성행했고 숲을 베어내고 개간하는 범위도 넓어졌다.(민병근, 1996)

17세기에는 황해도, 평안도, 함경도 내륙 지방에서 개간이 많이 이루어졌고, 18세기에는 강원도, 압록강, 두만강 유역 등에서 개간이 활발했다. 17세기 이후의 개간 방법인 불놓기는 주로 봄에 황무지를 개간할 때 사용했다. 여름에는 풀을 갈아엎었고, 가을에는 풀을 베었다.(최상준 등, 1997) 개간한 경지는 곧 척박해지므로 이를 대신할 농지를 마련하기 위한 자연 식생 파괴가 끊이지 않았다. 18세기 초에 북부 지방에서는 자연 조건과 대륙 문화의 영향으로 벼농사보다는 화전과 밭농사가 많이 이루어져 식생 파괴와 간섭이 흔했다.

19세기 중반에는 작물과 나무에 대한 기록이 많은 것으로 보아 당시 자연 식생 분포지를 개간해 식물을 재배하는 농업 기술이 있었음을 알 수 있다. 조선 중기에는 섬유 작물, 종이 원료 작물, 생활 용구 재료 작물 등 다양한 경제 작물을 마을 주변에 심었고, 이를 재배할 경작지가 필요해져 산지의 숲을 베는 일이 흔해졌다.

조선 시대에는 소나무를 제외한 일반 나무들은 잡목으로 취급해 잘라도 되고, 소나무 벌채를 금지했다. 수군(水軍)이 사용하는 병선(兵船)은 만들때 나무못을 사용해 수명이 5~9년에 불과했고, 쇠못을 박은 일본 병선에비해 수명이 짧았다. 이에 새로운 배를 만들려고 소나무를 많이 베어냈다.(이숭녕, 1994) 조선 시대 중요한 공산품이었던 철기나 자기는 생산하는 과정에 많은 연료가 소모됐다. 철광석을 녹이거나 자기를 굽는 데 필요한 연료를 조달하고자 많은 나무가 벌채됐고, 다량의 연료 소비에 따른 자연 식생의 파괴를 피할 수 없었다.

근현대 숲의 간섭

근대에 들어 외세에 의한 숲의 파괴도 심각했다. 1870년, 1872년에 청나라 벌목꾼들이 평안도 후창군 일대에서 도벌을 했다. 1896년에는 러시아인이 압록강과 두만강의 울창한 원시림 벌채권을 얻어 냈다. 이에 일본이 반발하면서 1904년 인천 앞바다에서 러시아와 일본 사이에 우리나라 산림 자원을 두고 러일 전쟁이 시작됐다. 러일 전쟁에서 승리한 일본은 조선에 산림 벌채권을 요구했으며, 일본에 의한 벌채는 혜산진, 무산, 회령 등을 중심으로 이루어졌다.(김의원, 1989)

우리나라 산림에 대한 체계적인 조사는 일제가 1902년에 남한과 북한에 산림 조사를 하면서 시작됐다.(하기노 토시오, 2001) 1916년에 조사를 완료한 임지 면적은 울창한 숲(5만 4,347㎢), 20년생 이하 어린 나무숲(7만 2,200㎢), 나무가 자라지 않는 면적(3만 942㎢) 등 모두 15만 7,488㎢였고, 울창한 숲의 70%가 관북 지역에 분포했다.

1912년 토지 조사에 의하면, 밭이 차지하는 비율이 급격히 증가한 지역은 강원(41.2%), 전남(17.9%), 경기(13.4%), 평북(13.2%), 황해(9.8%) 순이었다.(미야지마 히로시, 1991) 태백산맥이 지나는 강원도, 지리산이 있는 전남, 서울 부근 지역에서 밭을 개간하기 위한 산림의 파괴가 특히 심했다.

일제는 1911년에 삼림법을 만들어 화전을 금지하고, 1916년에는 화전 정리 방법을 제시했다. 1909년에 1,388㎢이던 화전 면적은 1938년에는 4,364㎢로 늘었다.(강만길, 1987) 1924년 당시 화전 농업이 집중된 곳은 낭림

산맥, 개마고원 등 고산 지대, 묘향산맥과 언진산맥 사이 산악 지대, 태백산맥 일대 등 3곳이었다. 지역별로는 경기도, 강원도 이남 지역에서는 화전 면적이 감소했으나 그 이북에서는 증가했다.

1924~1928년까지 화전 면적은 감소했지만 화전민은 증가해 화전 농가당 경작 면적이 줄었다. 당시 화전민은 전국적으로 약 120만 명이었다. 보존이 필요한 지역에서 화전 면적이 감소한 것은 화전 개간을 적극적으로 금지한 결과이다. 일제 치하 36년 동안 수탈적 토지 정책으로 영세 소작농이 급격히 증가했고, 소작농 가운데 많은 사람이 화전민이 됐다. 특히 가뭄과 홍수로 인한 자연재해가 겹칠 때 화전 인구가 증가했다.

우리 산의 0.01㎢(ha)당 임목축적은 1939년 49m^3에서 1945년 13.9m^3로 68%가 줄었고, 전쟁 중이던 1951년에는 4.8m^3로 감소해 1939년에 비해 숲이 10% 정도로 줄었다.(이경재, 1993) 광복 이후인 1948년 당시 남한의 산림 면적은 6만 8,331㎢였으나, 한국 전쟁을 겪은 뒤인 1953년 말에는 6만 7,439㎢로 줄었다.(한국임정회, 1975)

광복 이후에도 사회적 혼란과 전란으로 화전민이 늘어나고 화전으로 인한 산림 피해가 증가했다. 화전은 1960년대 말까지도 지속됐고, 1966년에 정부는 화전 정리법을 제정해 경사 20도 이상 산지에 개간한 논과 밭은 모두 조림해 산림을 조성하고, 안보와 자연 보호를 이유로 화전을 제한했다.(김일기 등, 1999)

1974년부터 화전 정리 5개년 계획이 수립되어 화전이 본격적으로 정리됐다. 화전 1,246㎢ 가운데 860㎢는 산림으로 복구하고, 386㎢는 농경지로 만들고, 30만 호에 이르는 화전 가족은 이주, 이전 및 현지 정착하도록 했다.(김장수, 1994) 우리나라의 산림 파괴는 약탈적 임업 경영, 벌목, 빠르

일본잎갈나무 조림, 강원도 강릉 대관령

게 자라는 속성수(速成樹) 위주의 수종 갱신, 화전 경작, 농경지 확대, 목축을 위한 초지 조성 등으로 발생했다.(권숙표, 1985)

1979년 기준으로 본 남한 화전 면적은 1,246㎢으로, 강원도 369㎢, 충북 272㎢, 경북 262㎢ 순이다. 제주를 제외하면 경남이 23㎢로 제일 적었다.(옥한석, 1985) 북한 산간과 남한 태백산맥을 중심으로 화전 농가가 전체 인구의 절반 가까이를 차지하고 우량한 숲이 개간되면서 피해가 이어졌다.

1970년대에 화전이 성공적으로 정리될 수 있었던 것은 농촌 인구의 절대적 감소, 지주와 소작농과 같은 토지 소유 변화, 개인당 토지 면적 증가 등 농촌 사회 계층 구조의 변화, 경제 성장 및 정부 예산의 확대, 항공 측량 기술 발전 및 도로 시설 확대 등 복합적인 요인이 작용했다.(배재수 등, 2007)

20세기 전기는 우리나라 식생사에서 가장 벌채가 심했던 시기 중 하나이다. 우리가 과거에 경험한 화전은 동남아시아, 남아메리카를 비롯한 일부 지역에서는 아직도 진행형이다. 북한에서도 산지에 다락밭이 조성되면서 단기간에 작물을 수확할 수 있었으나 시간이 지남에 따라 득보다 실이 많아져 피해가 커지고 있다. 다락밭에 의한 자연재해를 줄이고 빠르게 산림을 복구하려면 우리가 축적한 기술과 경험을 이들과 공유하는 것이 바람직하다.

제7장

나무와 숲을
불태우며 살았던
사람들

사람들은 의식주를 해결하려고 주변에서 일상생활에 필요한 식량과 자원을 구했다. 이런 행위는 나무와 숲에 많은 영향을 미쳤다. 산중에 사는 사람에게 음식을 만들고, 집을 짓고, 취사와 난방에 필요한 땔감은 생존에 필수적이었다. 또한 한 푼이라도 벌고자 시장에 내다 팔 수 있는 작물을 기를 밭을 일구는 것은 화전민이 치열하게 살아야 하는 이유였다.

화전(火田, slash and burn field)은 산림에 불을 놓아 임목과 지표 식물을 태워 버리고 일군 토지에서 하는 원시적인 농업으로, 외딴 산골에서 산림을 파괴한 요인이었다.

우리나라 화전의 기원은 신라 진흥왕 창녕정계비에 나타난 '백전(白田)'이 화전이라는 설, 두만강 유역 여진족이 산중에 숨어 화전을 하면서 세력을 구축했다는 설, 함경북도 변방의 재가 승려들이 산간벽지에서 화전을 했다는 설 등이 있다.(김경남 등, 1996)《삼국유사(三國遺事)》(1281)에 의하면, 신라 문무왕 때 대종도경(大種刀耕)이라는 글이 나오는데 이를 화전으로 보기도 한다.

고려 성종 6년(987)에 2~10월까지는 산과 들에 방화하는 것을 엄격하게 금지하는 기록이 있는 것으로 보아 당시 산에 불을 놓은 화입(火入)이 있었음을 알 수 있다.《고려사》〈식화지〉에 의하면 예종 원년(1106)에는 농민이 화전민으로 전락했고, 명종 18년(1188)에는 봉건 관료들이 농민을 수탈해 화전민으로 만들었다. 충렬왕 22년(1296)에는 화전을 경작하고자 나무와 풀을 소각하는 것은 살생과 같다 하여 화전을 금지했다. 그러나 고려 말에 사회가 불안정해지면서 화전이 더욱 성행했다.

조선 시대에 화전을 금지하는 조치는 세종 16년(1434), 성종 6년(1474), 중종 2년(1507), 선조 9년(1576), 현종 3년(1662) 등 여러 차례 있었으나, 국가 대책은 일시적이었고 구체적인 법령이 없어 실패를 거듭했다. 화전 대책이 본격적으로 논의되기 시작한 것은 효종 5년(1654)이고, 숙종 원년(1675)에는 화전을 개간한 자를 감독, 적발해 중벌로 다스리고 지방 관리도 책임을 지도록 하는 화전 금지 정책이 마련됐다.

17~18세기에 화전은 산간 지역 주민에게는 생계 수단이었지만, 양반, 관료 등 지배 계급에게는 경지를 늘리기 위한 기회였다. 국가의 화전 규제 정책이 강화된 것은 17세기 후기부터 화전 개간이 크게 늘어 피해가 매우 심했기 때문이다. 고육책으로 개간된 지 오래된 구화전(舊火田)은 경작지로 받아들이고 6등전으로 나누어 토지대장인 화전양안(火田量案)을 만들었고, 정조 때는 화전세율도 정했다.(신호철, 1981) 고려 말이나 조선 시대에는 화전이 확대되면서 산림 피해가 심해 금지령을 내렸지만 여전히 성행했으며, 화전에 세금까지 거두어 화전을 정당화하고 장려하는 결과를 낳았다.

우리나라 화전은 산간의 가난한 사람들이 불을 놓아 산지를 개간하면서 시작됐으나, 나중에는 극빈 농민, 전쟁을 피하기 위한 피난민, 생존경쟁의 낙오자들이 산으로 들어와 화전을 일구었으며, 화전 인구가 늘면서 화전 면적도 넓어졌다. 화전은 전국 거의 모든 산에 나타났다.

화전 인구가 늘어나면서 화전은 수평적으로 북부 지방에서 남부 도서 지방까지 나타났고, 고도가 낮은 곳에서 높은 곳으로 수직적으로 확산됐다. 특히 우량한 숲이 있던 아고산대나 고산대 삼림이 화전 대상지로 지목되면서 자연 식생이 파괴됐고, 그 결과 오늘날에도 우량한 천연림을 찾기 어렵게 됐다.

일본은 1906년 통감부를 설치하고 압록강과 두만강 산림을 시작으로 많은 목재를 벌채하면서 식생을 파괴했다. 일제 이전 우리나라에는 7억m^3의 입목이 축적됐으나 일제 36년 동안에 약 5억m^3가 벌채돼 일본으로 반출됐다. 1964년에는 농림부로부터 지리산 고사목 4,154그루의 벌채 허가를 받은 업자가 2만 그루 넘게 벌목해 지리산 소나무 숲이 파괴됐다.(정동주, 2000)

일제 말기인 1943~1945년 태평양 전쟁 막바지에 조선 총독부는 한국의 모든 초중등학교와 마을에 소나무 송진이 엉겨 있는 관솔의 수집 동원령을 내렸다. 소나무 관솔 송진을 증류해 일본 전투기에 필요한 기름인 송탄유를 추출하기 위해서였다. 송진은 도료, 제지, 인쇄 잉크, 비누, 케이블용 절연 수지, 도료용 건조제, 합성 장뇌, 향료, 의약품, 방취 살충제, 용제 등 여러 용도로 사용하면서 소나무는 수난을 겪게 됐다.(이장오, 1994)

지리산에서의 화전은 17세기 이후 피난민, 영세농 등 가난한 사람이 유입되면서 활발해졌다. 일제 시대에는 적극적인 화전 금지 정책으로 화전 조성이 줄었으나 고지대나 외진 계곡에서는 경작이 계속됐다. 지리산에 인구가 늘고 개간이 활발해지면서 본격적인 마을이 형성된 것은 18세기 이후로 본다. 지리산은 1960년대 말부터 국립 공원의 지정, 화전 정리 사업, 도시화, 산업화 등에 따라 마을 경관이 달라졌고, 1970년대 이후 화전이 완전히 사라졌다.(정치영, 1999, 2004)

화전이 사라지면서 무질서하게 나무를 베어내고 숲을 파괴하는 행위는 국립 공원뿐만 아니라 일반 산지에서도 점차 사라졌다. 이와 동시에 입산 금지와 산림녹화 등 국가적인 산림 정책이 도입되면서 우리 숲은 녹색을 되찾기 시작했다.

넓어진 화전

조선 시대에 화전은 전국 어디에서나 나타났으며, 중부 이북에서는 화전 면적과 화전민 수가 많았다. 화전은 산 아래부터 점차 고지대로 확대됐는데, 이는 화전 경작자가 늘면서 비옥한 토지와 연료를 찾아 고지대로 이동했기 때문이다. 특히 울창한 숲이 있던 아고산대나 고산대 삼림에서 화전이 활발해지면서 많은 자연 식생이 사라졌고, 그 결과 우량한 천연림이 크게 줄었다.

조선 시대에는 소나무 보호 정책을 펴며 소나무 이외 나무를 잡목으로 취급하고 낙엽활엽수를 집중적으로 잘랐다.(전영우, 1997, 산림청, 2000a) 화전 예정지는 소나무가 자라는 곳을 피했는데, 그 이유는 솔밭은 땅이 기름지지 않기 때문이다.(정치영, 1999, 2004) 화전민은 화전을 개간하고, 경작지 지력을 유지하고자 활엽수 낙엽을 채취하고, 땔감으로 사용하면서 주로 낙엽활엽수를 베었다.

이처럼 조선 시대에 화전이 널리 확산된 것은 여러 이유가 얽혀 있다. 첫째, 경제, 사회, 정치적 불안정으로 도피하거나 은신하고자 입산한 사람들이 화전을 했다. 둘째, 일부 사람들은 조정의 무리한 부과금과 부역을 이기지 못해 산간벽지를 찾아들었다. 셋째, 임진왜란, 병자호란 등 전쟁을 피하려고 임시 입산했다가 정착한 사람들도 있다. 넷째, 주인 없는 산인 무주공산(無主空山)은 마음대로 불을 놓아 밭을 일구어도 관청 제재가 없고 과세 부담이 적었다. 다섯째, 평지 농경에서 자금을 모두 탕진했더라도 화전 경작으로 손쉽게 넓은 경지 면적을 무상으로 얻을 수 있었다. 여섯째, 토지 지력이 떨어지면 쉽게 다른 곳에 넓은 땅을 마련할 수 있었다. 일곱째, 평야 지대에 비해 경지나 연료를 쉽게 얻을 수 있었다. 여덟째, 유사 종교에 현혹되어 천지개벽을 꿈꾸는 경우 앞날을 비밀스럽게 예측하여 기록한 비결서(秘訣書)를 보고 좋은 땅을 찾아 은신하기도 했다.(김경남 등, 1996)

조선 후기에 들어 화전 개간이 크게 번지자, 조정에서는 이를 막는데 한계를 느꼈다. 그리하여 조정에서는 화전 경작을 산중턱 이하로 제한해 공인했고, 또 농토를 확보하려고 화전 개간을 장려하기까지 했다.(이이화, 1990)

화전과 숲의 간섭

화전을 만들기 위한 불 지르기는 가을철에는 상강(霜降) 이후, 봄철에는 입춘(立春)이 지난 다음에 했으며, 봄에 하는 것을 봄부대, 가을에 하는 것을 가을부대라 한다. 불 지르기를 해서 일군 밭을 화덕(火德)이라고 하며, 3~4년간 경작한 후 5~6년 동안 쉬고 다시 경작한다. 화전 밭에는 첫해에는 감자, 조, 이듬해에는 감자, 옥수수, 콩, 그다음 해에는 감자, 피, 메밀 등을 심어 그루바꿈을 했다.(김익두, 1998)

화전은 예정지의 나무를 자르는 벌목(伐木), 불을 놓는 화입(火入), 밭을 가는 기경(起耕)의 단계를 거친다. 불을 놓아 개간한 지 1년간의 땅을 부대(火德) 또는 화덕(火德), 개간된 지 2년째부터의 땅을 화전(火田)이라 한다. 한편 산간 지역 마을 근처에 있는 화전을 계속 돌려짓기해 토지 상황이 보통 밭과 큰 차이가 없이 된 땅을 산전(山田)이라 한다.(강만길, 1981a, b) 부대은 초기에 인적이 드문 곳의 식생을 제거해 경작지로 만든 것으로, 침엽수가 있는 곳보다는 토양에 유기물을 많이 공급할 수 있는 활엽수가 있는 곳을 선택해 전년도 가을이나 여름에 벌목을 하고 불태웠다.

정주식 화전은 일정한 지역에 정착해 지속적인 경작을 할 수 있도록 경지를 해마다 농사짓는 숙전화(熟田化)를 하고 산전과 화전을 겸한 것으로, 국가 공전(公田)을 늘리고 조세를 더 거둘 수 있기에 장려했다. 유랑식 화전은 여러 산간 지역을 떠돌아다니면서 경작하는 것으로 산림 황폐, 토양 침식, 토사 유출, 풍수해 등과 같은 자연재해를 부추겼다. 유랑식 화전으로 무분별하게 경작지를 넓히는 폐단이 심해지자 국가에서는 화전 금지 정책을 내놓았다.(민병근, 1996) 유랑식 화전은 정주식 화전에 비해 보다 깊은 산속의 자연 식생을 파괴한 삼림 황폐화의 주된 원인이다.

화전민은 주변 산림에서 생활 연료를 채취해 사용했는데 1년에 약 8톤에서 10톤을 소비한 것으로 알려졌다. 건축, 도구, 연료 등 일상생활 재료로 나무가 많이 사용되면서 산촌 주변 식생이 집중적으로 벌채됐다. 화전에 의한 피해는 경작지 개간을 위한 산림 파괴와 함께 불놓기에 따라 발생하는 산불에 의한 피해가 가장 크며, 그 외에도 지표 위에 자라는 지피 식생의 파괴로 토사가 유출되고 수원이 고갈되고 경관이 파괴됐다.(공우석, 2003)

화전은 산불을 일으키는 원인이 되기도 한다. 경북 울진군 소광리 솔숲을 조사한 바에 따르면, 소나무 숲의 산불 발생 주기는 9년 정도였다. 소나무는 자랄 때 햇빛이 많이 필요한 양수로, 그늘에서 잘 자라는 음수와 경쟁한다. 온갖 나무들이 무성하게 자라 그늘이 많아지면 소나무와 같이 햇빛을 좋아하는 나무는 경쟁에 밀려 사라진다. 그러나 작은 산불이 일정한 주기로 일어나 그늘을 만드는 나무를 없애 주면 소나무가 살기 유리한 조건이 되어 울진 소광리처럼 큰 소나무로 자란다.(서민환, 이유미, 1997)

화전이 성행했지만 소나무를 비롯한 일부 수종은 선택적으로 보호됐다. 소나무 숲은 신라 시대부터 관리했고 고려 시대를 거쳐 조선 시대에 이르러 법으로 엄격하게 보호했다. 소나무의 선별적인 보호와 소나무가 아닌 숲에 대한 사람들의 교란으로 활엽수림은 줄고 소나무림이 늘거나 유지됐다.(이돈구, 조재창, 1993) 소나무는 법에 의해 보호받고 솔숲 토양은 기름지지 않아 화전이나 경작지로 이용되지 않으면서 마을 주변은 점차 소나

소광리 솔숲, 경북 울진

무 숲이 우점하게 됐다.

1960년대에는 산이 헐벗었기 때문에 숲 바닥에 불쏘시개로 쓰일 연료원이 거의 없어 산불이 일어나도 크게 확산되지 않았다. 그러나 경제가 발전하고 연료원이 장작에서 석탄, 석유, 가스, 전기로 바뀜에 따라 숲은 더 이상 땔감 공급처가 아니었다. 또한 강력한 산림 보호 정책, 농촌 인구가 감소하면서 숲 바닥에 낙엽과 낙지가 쌓이자 산불 위험도가 증가했다.(임주훈, 2000) 산불에 의한 숲의 피해는 식생이 불에 타는데 그치지 않는다. 천연적으로 식생이 갱신되는 곳에서 어린 나무, 종자, 인공 조림지의 어린 숲까지 파괴한다. 또한 지표면 유기질 양료의 원천인 지피식생이 사라져 숲의 황폐화를 가져온다.

화전에 의한 피해는 경작지 개간을 위한 산림 파괴와 함께 불놓기에 따라 발생하는 산불 피해가 가장 크다. 그 외에도 지피식생 파괴로 토사가 유출돼 하천 바닥이 높아지고 범람 피해가 자주 발생하는 등 물에 의한 재해를 일으킨다. 또한 수원(水源)이 고갈돼 물 부족 사태가 발생하고, 경관이 파괴되는 등 여러 피해를 일으켰다. 화전이 전국적으로 크게 확대되면서 떠도는 유랑민 등 사회 소외 계층의 집합처가 되면서 민란이 우려되는 등 사회 문제로 등장했다.

늘어나는 화전민과 화전 정리 사업

화전민은 산에 불을 놓아 여러 해 동안 자란 좋은 산림을 태워 버리고 그 땅을 경작했다. 그러다 지력이 떨어지면 다른 곳으로 이동해 불을 질러 농사를 짓고 숯을 구워 팔면서 살았기 때문에 산림에 큰 피해를 미쳤다. 민가에 가까운 산지에 밭이 늘고 마을에서 멀리 떨어진 산간에 화전이 퍼지면서 자연 식생의 피해는 갈수록 커졌다.

조선 시대 전기에서 후기로 갈수록 화전 면적이 늘어나고 화전민 수가 증가했다. 충청도, 전라도, 경상도, 경기도까지 화전이 성행했고, 섬 지방에도 화전이 확산됐다. 일제 강점기에는 산이 많고 들이 적은 평안도, 함경도, 강원도, 황해도 산간 지역에서 화전이 크게 늘었다.

전쟁과 정변 등 사회 혼란기에 불법 벌채로 산림 황폐화가 심각했다. 광복 후에는 미 군정 체제로 바뀌면서 산림 행정에 공백이 생기고 남북 분단으로 전기와 석탄 교류가 중단되면서 난방과 취사용으로 많은 나무가 벌채됐다. 6·25전쟁 중에는 2천만m^3의 산림이 파괴되는 등 산림 황폐가 심했다. 특히 1950년대 후반과 1960년대 초반은 우리나라 역사상 가장 황폐한 임야가 많았던 시기로, 피해 면적이 전체 산림 면적의 약 10% 이상을 차지했다. 1965년에 화전민 숫자는 강원도, 충북, 경기, 경북 순이었고, 1979년에는 강원, 충북, 경북 순이었다. 북한 산간 지역과 남한 태백산지를 중심으로 화전 농가가 전체 인구의 절반 가까이를 차지하면서 우량한 숲이 개간되어 피해가 많았다.

• - 화전민 1천 명

화전민 분포도 (젠쇼 에이스케, 1933)

1950~1960년대에는 농경지가 없거나 또 농지가 부족해 생계가 어려운 농민과 도시 실업자가 산에 들어가 화전민이 됐다. 1965년 기준으로 화전민은 7만 500호, 42만 명 정도이고, 화전 면적도 400㎢에 이르렀다.

화전민을 그대로 두면 산림 보호 정책은 물론, 국토 보전과 국가 안보에도 위험하다는 판단에 따라 정부는 임산 자원을 보전하며 화전민의 생활 안정을 도모하고자 1965년부터 화전민 이주 사업에 착수했다. 1965년에 3천 호, 1966년에 1,800호를 이주 정착시키고 약 43㎢의 화전을 정리해 산림으로 복구했다. 또한 화전민에게는 주택 건축비를 보조하고 1가구당 1만 4,876㎡의 미개간지를 주어 안정된 생계를 꾸릴 수 있게 했다.

1966년에는 〈화전 정리에 관한 법률〉을 공포해 경사 20도 이상의 화전은 전부 산림으로 복구시켰다. 경사 20도 이하의 화전은 경작 농가에게 10년간 할부 상환으로 농지를 사게 해 화전으로 인한 산림 피해를 줄이고 화전민의 안정된 생활을 도왔다. 북한에서도 경사 20도 아래의 산지를 다락밭으로 개간한다는 정책으로 식량 문제를 해결하려고 했으나 사면 침식, 토사 유출 등으로 실패했다.

1968년 11월에 발생한 울진 삼척 무장공비 사건을 계기로 1969~1973년까지 취약지 대책 사업의 하나로 산간에 있는 외딴집을 이주 정착시키고 집단화하는 사업을 추진했다. 본격적인 화전 정리 사업은 1973년 이후에 시작됐다. 1973년에는 산림 복구 대책지에 대한 조림 계획을 수립했다. 1973년 당시 전국 화전 면적은 411㎢로, 이 중 산림으로 복구할 대상이 255㎢, 경작지로 양성화할 지역이 156㎢였다. 화전 가구수는 13만 5천 호였으며, 이주 대상은 6,597호, 현지 정착 대상은 12만 8,220호였다.

화전 정리 사업은 1979년 남아 있던 화전지 8㎢를 완전 정비함으로써 마무리됐다. 화전지의 산림 복구 면적은 총 산림 면적의 1%를 조금 넘는 정도이므로 경제적인 효과는 크다고 볼 수 없다. 그러나 화전으로 인한 산림 피해 예방과 국토 보존을 위해서는 중요했다. 화전 정리 사업은 우리 산림이 옛 모습으로 되돌아 갈 수 있는 길을 터 준 전환기적 국가사업이었다. 화전 정리 사업으로 숲이 우거지고 자연 생태계가 풍부해지자 사람들이 산과 숲에서 위안과 건강을 되찾을 수 있게 됐다.

제8장

왜 우리 산은
벌거숭이가 되었을까?

붉은 황토와 깊게 파인 골짜기가 드러난 뒷산을 본 기억이 있는 사람들은 봄철이면 삽과 괭이를 들고 산에 나무를 심으러 갔던 경험이 있을 것이다. 몇십 년 전까지 헐벗은 산은 우리나라에서 흔하게 보던 익숙한 모습이었다. 왜 그때 산은 하나같이 벌거숭이였을까? 요즘 북한에서는 산에 나무 심기를 국가적으로 중요한 과업으로 삼고 나무를 심고 있다. 왜 북한의 동네 뒷산에는 나무가 없어졌을까? 숲이 없는 산을 경험한 사람에게조차도 낯선 사실을 알아보자.

    마을 뒷동산이 헐벗게 되는 데에는 근본적으로 산지의 지질, 지형, 기후 등 자연환경이 중요하다. 한반도의 지질 구성은 화강편마암계 32.3%, 화강암 22.25%, 결정편암 10.32%, 경상층계 7.74% 순이다. 화강암류 기반암은 쉽게 부스러지는 풍화가 쉽고, 암석이 부서져 만들어진 토양은 산성화되기 쉽다. 일제 때 조사한 바에 따르면 전국의 헐벗은 산지인 독라황폐지(禿裸荒廢地, devastated land)는 화강암이나 화강편마암계 기반암 지역에서 흔했다. 산림이 쉽게 황폐해지는 지형은 지표 경사가 30도 내외일 때 사면이 쉽게 무너진다. 전 국토의 60%를 차지하는 경사도 15도 이상의 급경사지에서도 큰 비가 오면 크고 작은 규모의 산사태가 발생한다.

    극단적인 기후 요인도 숲이 안정화되는데 불리하게 작용하기도 한다. 봄 가뭄에 따른 한발(旱魃, drought damage), 여름과 초가을의 태풍과 같은 강풍, 겨울에 나무가 얼어 죽는 동해(凍害, freezing damage), 서릿발의 피해를 가져오는 상해(霜害, frost damage) 등은 식물 생육에 불리한 조건이다. 극한적인 기상 조건은 어린 나무가 뿌리 내리고 자라는 것을 막거나, 말라 죽게 하고, 땅 위에 뿌리를 내리고 싹을 틔운 식물이 자리 잡는 것을 막아 산림의 정착을 막는다. 특히 호우, 폭풍우, 태풍, 폭설 등은 토양 침식, 산사태, 토석류 등의 재해를 부추기고, 최종적으로는 식물 정착에 방해가 된다.

    산지에서 숲이 안정적으로 발달하려면 지형, 지질, 기후, 수문, 토양, 생태계와 인간이 유기적으로 연결되어 서로 조화롭게 균형을 유지해야 한다. 자연환경은 보이지 않는 거미줄처럼 얽혀 있어 하나의 체계에 문제가 생기면 연쇄적으로 무너질 수 있다.

산림 파괴와 아궁이

독일, 핀란드, 뉴질랜드 등 산림 선진국은 오래전부터 나무를 벌채한 만큼 꾸준히 조림하고 가꾸어서 숲을 계속 잘 유지했다. 그러나 제2차 세계대전 이후 전국적인 규모로 황폐한 산림을 성공적으로 복구한 나라로 우리나라뿐이며, 세계적으로도 드문 성공 사례로 꼽힌다.

언제부터 우리나라 산이 이처럼 헐벗게 되었을까? 이에 대해 솔방울 하나까지도 징발해 가던 일제 치하 35년과 뒤이어 벌어진 6·25전쟁이 금수강산을 벌거숭이산으로 만들었다는 견해도 있다. 한편에서는 땔감 등의 사용으로 외국 선교사들이 처음 도착한 구한말에 이미 우리나라 산이 헐벗은 상태였다는 의견도 있다.

역사적으로 고려 시대에는 인구가 증가함에 따라 식량을 생산하기 위해 논밭이 더 필요했으며, 숲을 농경지로 바꾸는 개간으로 숲 면적이 크게 줄었다. 이에 더해 국정 문란, 중앙 정부의 행정력 약화, 부정부패 등으로 숲이 황폐화됐다. 조선 후기에는 연료에 대한 수요 증가로 산림 소유권 분쟁 사건이 이어졌다. 이는 숲의 황폐화로 땔감을 구하기가 어려워졌기 때문이었다. 이와 함께 온돌 보급, 쇠 만들기, 도자기 만들기 등 수공업 발전으로 땔감에 대한 수요가 점차 커졌고, 그 결과 숲은 더욱 황폐해졌다. 구한말에는 러일 전쟁에서 승리한 일본이 조선을 점령하고 숲을 수탈함으로써 숲 면적이 크게 줄었다. 1940년대와 1950년대에는 농촌과 도시 할 것 없이 나무 땔감 이외에는 다른 연료가 거의 없었기 때문에 가정에서 많은 양의 나무를 소비했다.

광복 이후 산림 파괴로 인한 국토 황폐화의 부작용을 알게 된 정부는 산림녹화의 필요성을 느끼고 산림 복구를 꾀했다. 하지만 재원이 부족하고 관련 기술도 부족해 산림이 황폐해지는 것을 막지는 못했다. 일제의 산림 수탈과 광복 이후 6·25전쟁 등 혼란기를 틈타 불법적인 도벌과 남벌이 많아지면서 우리 산림은 극도로 황폐해졌다.(산림청, 1987, 배상원, 2013)

특히 1950년대 초반 산림 파괴는 날로 심각해졌다. 1955년 한 해에만 국내 산림의 17%가 아궁이 속 땔감으로 사라졌다. 산림청《임업통계연보》(2016a)에 따르면 1953년 당시 헥타르당 나무 총량을 뜻하는 임목축적(林木蓄積, forest growing stock volume) 또는 나무 총량은 오늘날의 4% 수준인 5.7m^3에 불과했다. 광복 전인 1942년 남한의 나무 총량은 6,500만m^3였지만, 1952년에는 3,600만m^3로 줄어 6·25전쟁이 숲에 얼마나 많은 피해를 주었는지 알 수 있다.

6·25전쟁 이후 복구를 위한 목재 수요가 증가하고, 국가의 산림 관리 기능이 부실해지면서 1950년대 후반에는 산림 황폐화가 최악이었다. 남한에서는 산림 면적의 10%가 풀과 나무가 없는 황폐지였고, 절반 이상이 민둥산이었다. 6·25전쟁이 끝난 뒤에는 빨리 자라 산을 푸르게 해주는 단기 속성 녹화 조림 수종으로 생장이 빠른 싸리나무, 오리나무, 아까시나무, 상수리나무, 리기다소나무 등을 주로 심었다.

1957년부터는 농가 부수입을 올리기 위한 특수림 조성 계획을 세워 밤나무, 호두나무, 대추나무 등 유실수종과 옻나무, 닥나무 등의 공예수종을 집중적으로 심었다. 1961년부터 시작해 1967년에 산림청이 발족되기 이전까지는 산림 황폐의 주원인이던 무분별한 임산 연료의 채취를 막고, 임산 연료를 공급하기 위해 연료림 조성 사업에 집중했다.

한편 우리 산림이 헐벗게 된 데에는 부엌 아궁이에 불을 지펴 밥을 짓고 난방을 하는 온돌도 문제였다. 온돌은 산에서 구하는 땔감을 계속 필요로 했으므로 숲을 없애고 민둥산을 만드는 주된 원인이었다. 숲의 파괴는 마을 주변 산에서 시작해 나중에는 깊은 산까지 번졌고, 우리나라 산을 나무가 없는 민둥산으로 만들었다. 마을 주민들은 땔나무를 구하려면 더 멀리 있는 산으로 가야 했고, 심지어 나무가 없어 나무뿌리와 산과 들에 있는 풀까지 베어다 땠다. 땔감을 마련하는 시간은 자꾸 늘어났고, 먼 산에서도 나무가 없어졌다. 마침내 울창했던 우리나라 산림은 외딴 곳에 있는 국유림을 제외하고 국토 대부분이 황폐해졌다.

산에 나무가 줄어들자 여러 부작용이 나타났다. 비가 조금만 와도 홍수가 되어 토사가 산 아래로 밀렸다. 산의 겉흙이 유실되면서 식생은 자리 잡기 힘들어졌다. 산에서 밀려든 토사 때문에 주변 논보다 하천 바닥이 높은 천정천(天井川, raised bed river)으로 바뀌었다. 따라서 큰 비만 오면 쉽게 둑이 터지고 논과 밭이 토사에 묻혔다. 반대로 조금만 가물어도 식생이 없는 산에서 하천으로 물이 흐르지 않아 가뭄 피해가 커졌다.

18세기부터 1960년대까지도 벌목을 막는 엄격한 형벌 규정이 있었고 많은 조림이 이루어졌지만 산림 황폐화를 막지 못했다. 도시와 농촌을 가리지 않고 나무를 베어 아궁이에서 태웠기 때문이다. 일찍이 1946년에 식목일 행사가 시작됐는데도 산림 황폐화를 멈추지 못한 것은 아궁이에 땔 땔감이 없었기 때문이었다. 산림 황폐화를 부추기는 난방용 땔감 수요를 줄이기 위해 무연탄을 원료로 한 연탄이 보급되면서 해결의 실마리를 찾게 됐다.

국립대관령자연휴양림, 강원도 강릉

국내 에너지원에서 땔감이 차지하는 비중이 1950년 90.5%, 1960년 62.5%, 1979년 21.6%, 1990년 0.9%로 가파르게 줄어든 것도 우리나라 산림녹화를 성공으로 이끈 요인이다. 아궁이의 땔감을 대신하는 무연탄 보급, 도시로의 임산 연료 반입 금지, 농산촌의 연료림 조성 등이 산림녹화를 성공으로 이끈 핵심적인 정책이다.

1982년에 유엔식량농업기구(FAO)는 한국이 제2차 세계대전 이후 산림 복구에 성공한 유일한 국가라고 발표했다. 2008년 유엔환경계획(UNEP)은 한국의 조림 사업을 세계적인 자랑거리라고 했다. 2008년에 지구정책연구소(The Worldwatch Institute) 소장 레스터 브라운(Lester Brown)은 그의 저서 《플랜 B 3.0》에서 '한국의 산림녹화는 세계적 모델'이라고 하면서 벌거숭이산을 푸른 숲으로 만든 것을 높게 평가했다. 국내에서도 산림녹화 성공을 기적이라고 보기도 한다.(김종철, 2011)

산림녹화의 기본 원칙은 산에 있는 나무를 베는 것보다 많이 심어야 숲을 푸르게 할 수 있다는 것이다. 강원도 강릉 국립대관령자연휴양림에 있는 우람한 소나무들은 일제 강점기에 금강소나무 솔씨를 심어 가꾼 아름다운 인공림이다. 오늘날 생태적으로 중요하고 산림 자원으로 가치가 많은 나무들에 얼마나 애정을 가지고 대하고 있는지 뒤돌아 볼 일이다.

병해충

우리 숲에 큰 피해를 준 요인 가운데 하나는 병해충이고, 그 피해는 지금도 진행형이다. 병해충 가운데 특히 솔나방, 솔잎혹파리, 소나무재선충병 등은 소나무에 큰 피해를 주어 솔숲이 말라 죽는 등 산림 황폐의 원인이었다. 그밖에 참나무시들음병, 흰불나방, 오리나무잎벌레, 잣나무털녹병 등도 숲에 피해를 주었다.

1950년대에는 산림 해충 가운데 솔나방 또는 송충, 솔잎혹파리, 심식충, 독나방 등의 피해가 컸다. 송충*Dendrolimus corelinus*은 땅 위에 식생이 없고 건조가 심한 곳에 소나무 단순림에 만들기 쉬워 울창한 오지 숲을 제외하고는 전국에 널리 퍼져 있었다. 숲이 황폐해 토양이 건조해지면 솔나방 유충이 겨울을 넘기는데 더 유리해져 소나무 피해가 커졌다. 1970년대 후반부터 솔나방 피해가 많이 줄어들었는데, 이는 숲이 우거지면서 토양이 습해졌고 습한 토양에서 월동하던 솔나방 유충이 많이 죽었기 때문이다.(이경준, 김의철, 2011)

솔잎혹파리*Thecodiplosis japonensis* 피해는 솔나방과는 달리 지면을 덮고 있는 식생이 풍부해 기온이 상대적으로 낮고 습도가 높은 침엽수림에서 주로 발생했다. 그러나 마땅한 해충 구제책이 없어, 초기에는 전남 전역과 전북 일부에 퍼졌으나 점차 면적을 확장해 나감에 따라 산림 해충을 방제하는 데 온갖 노력을 기울였다. 솔잎혹파리 성충은 약제를 뿌려 잡고 피해가 큰 지역은 피해받은 나무를 베어내고 다른 나무를 심었다.

1960년대 접어들면서 솔나방, 솔잎혹파리와 함께 미국흰불나방 *Hyphantria*
cunea, 밤나무혹벌 *Dryocosmus kuriphilus* 등의 피해가 널리 퍼져 피해 면적이 연간
평균 6천*km²*에 이르렀고, 그 가운데 80%는 솔나방에 의한 것이었다. 이에
따라 솔나방의 구제를 위한 천적을 길러 풀어놓고, 전국적으로 약제를 뿌
려 방제했다. 초등학교 때 소풍을 가면 점심을 먹고 나서 모든 학생이 도
시락에 송충이를 가득 잡아 땅에 파묻었던 기억이 아직도 생생하다.

　1968년부터는 산림 병해충을 예방 관찰 조사해 일찍 발견하고 방제했
다. 1970년에는 산림 보호용 헬리콥터가 도입되어 공중 약제 살포로 솔나
방 항공 방제 시험을 했고, 1972년부터 항공 방제를 확대했다. 미국흰불나
방은 대도시와 도로변의 가로수, 활엽수에 큰 피해를 주었고, 밤나무혹벌
은 재래종 밤나무를 전멸시킬 위기에까지 이르렀다.

　치산 녹화 10년 계획을 추진하면서 병해충 방제는 이전의 소극적 방제
에서 적극적 방제로 바뀌었다. 특히 솔나방, 솔잎혹파리, 오리나무잎벌레,
미국흰불나방, 잣나무털녹병 등을 5대 산림 병해충으로 정하고 방제에 온
힘을 쏟았다. 고질적인 솔잎혹파리 방제를 위해 예찰 조사를 강화하고 솔
잎혹파리 천적인 솔잎혹파리 먹좀벌을 사육해 방사했다. 뿌리 약제인 테
믹(Temik)으로 주요 지역을 집중 방제하는 등 예찰부터 방제에 이르기까지
체계적인 방제 체제를 세웠다.

　1980년대에 들어오면서 산림 병해충 방제는 농촌, 산촌의 산림 소득원
보호에 중점을 두고 잣나무 넓적잎벌과 밤나무에 피해를 주는 해충 구제
를 위해 항공 방제를 했다. 1987년부터는 소나무림 솔잎혹파리 방제 계획
을 세워 대응했다. 숲에 집중적인 방제 활동을 꾸준히 펼치고 치산 녹화
사업기에 대규모로 조림하면서 산림 축적이 차츰 늘었다. 이에 따라 산림

소나무재선충 피해 소나무, 제주도 서귀포

생태계 균형이 점차 회복되기 시작해 1975년에 9,160㎢에 달하던 산림 병해충 발생 면적이 1991년에는 3,670㎢로 줄었다.

그러나 2005년부터 소나무재선충 _Bursaphelenchus xylophilus_ 에 의한 피해가 심각해지고 있다. 이에 2005년 〈소나무재선충병 방제특별법〉을 제정, 효율적인 대응 방안을 찾고 있으나 방제가 쉽지 않고 피해 지역이 여전히 나타난다.

소나무재선충은 크기 0.6~1㎜ 내외의 실처럼 가는 선충으로 솔수염하늘소, 북방수염하늘소 등 매개 곤충의 몸 안에 서식하다가 새순을 갉아 먹을 때 상처 부위를 통해 나무에 침입한다. 소나무재선충병은 소나무에 침입한 재선충은 빠르게 증식해 수분과 양분이 이동하는 통로를 막아 나무를 죽게 하는 병으로, 감염되면 100% 말라 죽는다. 1988년 부산 금정산에서 처음 발생한 이후 소나무, 해송(곰솔), 잣나무 등에 계속 피해를 주다가 적극적인 방제 등으로 2007년부터 피해 면적이 감소하기 시작했으나, 아직도 박멸하지 못하고 있다.

꽃매미 *Lycorma emelianovi* 는 숲에서 서식하다가 포도, 배, 복숭아 등 과수에 피해를 준다. 생태계 교란 동물인 꽃매미는 유충과 성충 모두 과수원이나 야산에서 자라는 다양한 나무 즙액을 빨아서 나무의 성장을 저해하고, 피해가 심한 줄기는 죽는다. 많은 양의 분비물을 배설해 그을음병을 가져와 과실 품질도 떨어진다. 전국적으로 꽃매미 밀도가 증가해 이들의 생리 및 생태적 특성을 고려한 농약으로 방제하고 있다.

최근에는 병충해를 막기 위한 방법으로는 식물체 정유를 이용한 환경 친화성 살충제, 살균제 개발과 솔잎혹파리 및 솔나방 등 주요 산림 해충에 대한 페로몬 포집 및 유인활성 방제법 등이 있다.

시대에 따라 생태 환경이 바뀌면서 산림에 피해를 주는 해충이 달라졌으나 꾸준한 방제 활동으로 산림은 점차 안정을 되찾아 가고 있다.

음식

의식주는 사람이 살아가는데 가장 중요한 활동이며, 그중 굶주리지 않는 것은 가장 기본적인 욕구의 하나이다. 구황식물(救荒植物, relief food from famine)은 가뭄이나 홍수로 작물이 큰 피해를 입었을 때 굶주림을 면하고자 먹던 식물성 먹을거리다. 그러나 굶지 않으려고 구황식물을 채취하면서 산림에 큰 피해를 미치거나 식물의 개체수가 줄기도 했다. 세계적으로 산과 들에서 먹을거리를 가장 많이 찾아낼 수 있는 대표적인 사람이 한국인

대표적인 구황작물, 감자

이라는 이야기는 이런 상황이 반영된 경험과 지식의 산물이다. 이러한 전통 지식을 오늘날에 맞도록 산업화하는 것은 우리뿐만 아니라 개발 도상국의 먹는 문제 해결에 좋은 정보가 될 수 있다.

우리나라는 경작지가 부족하고 자연재해로 농사에 실패하는 일이 잦아 먹을거리가 부족한 사태가 자주 발생했다. 따라서 사람들은 산과 들에서 먹을거리를 찾아 다양한 식재료를 활용했다. 산에서 구한 재료로 만든 음식을 먹으면서 자연 식생에 직간접적으로 영향을 미친 것이다. 지역 특산물과 대표적인 음식에 식물과 관련된 것이 많다는 사실은 지방의 식물이 풍부함을 보여 주는 동시에 오랜 이용의 결과라고 할 수 있다. 각종 음식과 술의 재료로 사용된 나무나 꽃들을 조달하고자 산과 들에서 식생 간섭과 이용이 이어졌다. 음식 재료가 되는 식물들을 재배하기 위해 마을 주변 산지가 경작지로 바뀌면서 숲이 줄었다.

즉 가뭄과 홍수, 이상 기온 현상으로 농사가 되지 않아 먹을거리가 부족하면 사람들은 산에서 허기를 채울 수 있는 다양한 구황식물을 찾았고, 먹을거리를 얻는 과정에서 식생에 대한 간섭과 피해는 피할 수 없었다.

생활용품

인간 활동 범위가 산지로 확대되면서 의식주를 해결하는 과정에서 식생 파괴와 산지 경관 및 자연 생태계의 교란 등 다양한 문제가 발생했다. 1980년 기준, 남한에 분포하는 6만 7,054개의 자연 촌락을 중심으로 의식주를 해결하면서 사람에 의한 식생 간섭과 파괴가 이어졌다.

주생활의 경우 나무를 이용해 지은 가옥이 많아지고 대형화되면서 목재를 공급하기 위해 삼림 파괴도 빨라졌다. 특히 너와집과 굴피집은 수목이 울창한 개마고원, 강원도, 울릉도 지역 등 화전민 활동이 활발한 곳에서 흔했다. 귀틀집은 통나무를 정(井)자로 짜서 만들고 틈새를 진흙으로 바른 집으로, 개마고원 일대, 압록강과 두만강 유역, 강원도의 태백산, 오대산, 설악산과 소백산맥, 차령산맥, 지리산 등 산간 마을에 분포한다. 이 귀틀집을 짓는 데 쓰려고 나무를 많이 벴다.

조선 시대에 가구를 만들 때 사용된 나무는 은행나무, 호두나무, 피나무, 소나무, 오동나무, 느티나무, 먹감나무, 대나무 등이다. 나막신을 만드는 재료로 사용된 나무는 버드나무, 오리나무, 박달나무, 미루나무, 소나무 등이다. 이렇게 일상생활에 사용하는 가옥, 가구, 나막신, 소반, 함, 제기, 함지박 같은 생활용 목기 등 나무 도구를 만들기 위해 오랫동안 벌채가 이루어졌다. 이런 목기 가공은 지리산 자락 전북 남원 운봉에서 지금도 이어지고 있다.

건전한 식생활을 위해서 농경지로 쓰기 어려운 산기슭에는 가운데 과

너와집, 경기도 가평

수원을 만들고 대추, 밤, 감, 배 등의 과일나무와 뽕나무, 닥나무, 옻나무, 대나무 등 토성에 맞는 식물을 가꿔 소득을 높이는 활동이 꾸준히 이루어졌다. 그 과정에서 산지 개발도 뒤따랐다.

기호 식품 재배에 의한 자연 식생 간섭도 나타났다. 임란왜란을 전후로 도입돼 소비가 폭발적으로 증가한 담배 수요를 충족시키고자 재배를 늘렸고, 그 과정에서 재배지 확보를 위한 산지 파괴가 있었다. 인삼, 차나무, 대나무 등을 재배하기 위한 용도로 취락 주변과 구릉, 야산 등지가 개간되어 자연 식생이 제거됐다.

야생 식물 또한 약재로 선택적으로 채취되면서 일부 식물은 개체수가 줄어들었다. 이러한 남획이 계속 지속될 경우 종 다양성을 크게 낮추어 실제로 일부 약재는 현재 야생에서 구하기 어렵고 일부는 멸종 위기를 맞을 수 있다. 그러나 취락 주변 산지를 과수원으로 이용하거나 조림해 보호해야 한다는 주장이 많은 것으로 보아 이미 당시에 식생 파괴에 따른 자연재해 등 부작용을 경험했던 것으로 보인다.

러일 전쟁 후 일본인이 한국으로 많이 들어오면서 숯 또는 목탄(木炭, charcoal) 수요가 많아졌다. 따라서 일제는 각 지방에 목탄 생산을 장려했다. 그러나 충분한 양의 숯이 생산되지 못하자 각지에서는 나무뿌리까지 굽는 근탄(根炭)을 생산하기에 이른다. 숯을 제조하는 데 주로 이용된 나무는 상수리나무, 갈참나무, 굴참나무, 떡갈나무, 가시나무 등이었다.(한국임정연구회, 2001) 그 결과 임야가 극심하게 황폐해지고 국유림에까지 도벌 피해가 나타났다. 특히 북한 산악 지대가 숯 생산 기지로 이용되면서 산림 벌채가 더욱 심했다.

1945년 이후에는 사회적 혼란과 무질서 등에 더해 국민 생활이 매우 힘들었으므로 산에서 먹을거리를 비롯해 땔감과 각종 임산 연료 에너지원을 채취했다. 그 결과 민가 주변 식생이 파괴되거나 인위적인 간섭을 받아 심하게 교란됐다.

산촌

17세기경 강원도 관동 지역의 해발 고도 500m 부근 오대산 일대에는 절 아래에 생기는 마을인 사하촌(寺下村)이 들어섰다. 강릉을 중심으로 서쪽으로 대관령 방면, 남쪽으로 삼척-울진-평해(平海), 북쪽으로 양양(襄陽)까지 이어지는 평해역로(平海驛路)를 따라서도 마을이 생겼다. 18세기에는 전쟁과 당쟁을 피해 오대산 일대 산간 고지로 많은 사람들이 피신하면서 인구가 증가하고 산간지 개척이 본격화됐다.

19세기 말~20세기 초에는 고도 500m 이상 고지대에 인구가 많아졌다. 1960년대에도 깊은 산지까지 개척이 이루어진 것은 토지 조성 사업과 신품종 개발 등 농업 기술 발달에 따른 것이다.(옥한석, 1994) 이와 같이 사람들의 활동 공간이 산지로 넓어지면서 숲이 파괴되고, 산촌의 전통적인 경관이 사라졌으며, 자연 생태계가 교란되는 등의 문제가 나타났다.

대관령 일대 마을은 고도 600~800m 고원에 많으며, 황병산 평정봉 1,350m 부근에 있는 화전 마을은 우리나라에서 가장 높은 마을이다. 과거에는 고도 970~1,070m 사이에 분포하는 강원도 삼척군 상장면 초전 마을이 마을의 고도 한계였다. 대관령 일대 화전민은 경사가 완만한 곳은 경지로 이용하고, 주변 산림에서는 연료용 땔감, 사료, 퇴비를 얻었다.(강대현, 1966) 인간의 활동 영역이 산지로 확대되면서 식생 파괴, 산지 경관과 자연 생태계 교란이 나타났다.

지리산 일대에는 17세기 이래 전란을 피해 정착한 사람들이 마을을 만들기 시작했다. 17~18세기에는 지리산지로 인구가 많이 유입되면서 본격적으로 농경지를 개간했고 마을도 넓어졌다. 18~19세기에도 지리산지에서 농경지 개간이 활발했고, 농경지와 거주지가 주변으로 확장됐다.

일제 시대에는 지리산지의 인구와 농경지가 증가하면서 지리산에 마을이 많아졌고, 많은 마을이 해발 고도 500m 이상의 골짜기 깊숙한 곳에 자리 잡았다. 일제 강점기에 지리산지 가장 높은 곳에 있었던 마을은 고도 1,020~1,120m 사이에 있었던 하동군 화개면 대성리 덕평으로, 당시 남한에서 가장 해발 고도가 높은 취락이었다.(젠쇼 에이스케, 1933) 지형이 평탄하고 토양이 비옥한 해발 고도 1,400~1,600m 사이의 세석평전에는 조선 후기에 사람이 살던 마을 흔적이 있다.

조선 시대 후기부터 일제 시대까지 성장과 발달을 거듭해 온 지리산 마을들은 6·25전쟁과 빨치산 소탕 전투 때문에 주민들이 피난지에 정착하거나 외지로 떠나면서 인구가 급격히 감소하고 마을 공동체가 흩어졌다. 특히 고도가 높고 골짜기 깊숙한 곳에 위치한 외딴 촌락들이 사라졌다.

1970년 전후로 화전 정리 사업이 본격화되면서 지리산에서의 화전과 농업 활동도 위축되어 마을이 쇠퇴했다. 오늘날 지리산 고도 400m 이하에는 전체 마을의 절반이 자리 잡고 있으며, 고도 700m 이상에서는 그 숫자가 크게 줄었다. 고도 800m 이상에 있는 촌락은 2곳이며, 이것이 현재 지리산 마을의 고도 한계이다.(정치영, 1999)

평지 민가에서는 볏짚을 이용한 초가집이 가장 흔한데 반해, 산촌에서는 널판으로 지붕을 이은 너와집(능애집), 상수리나무나 굴참나무 껍질을 이용한 굴피집, 마(麻) 껍질을 벗겨 지붕 재료로 사용한 겨릅집 등을 짓고 살았다. 또 목재가 풍부한 산간 지방에서는 통나무를 이용한 귀틀집이 흔했

다.(주남철, 1999)

의식주를 위한 산림 자원이 많아지고, 건축재와 생활 용구 등으로 사용되는 나무가 많아지면서 주민 활동 반경 내에 있는 숲은 벌채되고 훼손됐다. 나무를 이용한 목재 문화가 확산되고 가옥이 많아지고 대형화되면서 주변 식생과 삼림 파괴도 속도가 빨라졌다.

고랭지 농업

우리나라는 고랭지가 거의 전국에 걸쳐 분포하는데, 규모가 가장 큰 곳은 북한에 있는 개마고원을 중심으로 한 지역이다. 강원도의 평창, 정선, 횡성, 강릉, 태백, 삼척 등을 중심으로 해발 고도 600m 이상에 발달한 고랭지 면적은 160km² 정도다.

강원도 일대의 고랭지 농업(高冷地農業, highland farming)은 자급자족을 위해 산에서 작물을 재배하던 것이 발전한 것이다. 고랭지는 과거에 화전을 하던 지역으로, 여름에는 서늘하고 겨울에는 매우 추우며 강원도에서는 일반적으로 고도 600~700m 이상 지대이다. 서리가 내리지 않는 무상기일(無霜期日, frost-free day)이 짧고 겨울이 추워 월동작물(越冬作物)을 고르기 쉽지 않았다. 따라서 고랭지에서는 생육 기간이 짧거나 추위를 견디는 내한성(耐寒性, cold tolerant)이 강한 감자, 메밀, 피, 호밀 등을 주로 재배하고, 옥수수나, 콩 등은 일찍 심는 조생종(早生種, precocious species)이나 극조생종을 재배했다.

또한 배추, 무, 셀러리, 결구상추, 토마토, 오이 등 채소류 그리고 당귀, 강활 등 약초류를 재배했다.(이창덕, 1992) 120~150일 정도 길러야 하는 감자, 옥수수 등이나 90~120일 정도의 짧은 기간 기르는 채소류가 대관령 횡계 일대를 중심으로 재배되면서 화학 비료, 농약, 과잉 경작에 의한 토양 오염이 심각해졌다.(옥한석, 1998)

소백산 단양 지역에서 작물들의 경작 한계를 보면 300~400m에는 벼, 400~500m에는 양념 채소류, 600~700m에는 고랭지 채소, 700~900m에는

고랭지 채소밭, 강원도 평창 고루포기산

목초가 많다. 400m 이상에서는 고도에 따라 감자, 고구마 등 서류(薯類), 고랭지 채소, 목초 등이 재배된다. 이는 지형, 기후, 토양 등 자연 조건과 노동력, 농업 경영 방식, 농가와 경지와의 거리 등에 의한 것이다.(장경환, 한주성, 1999) 강원도, 경북, 충북, 전북 일부 지역에서는 과거의 화전이 현재 고랭지로 바뀌면서 자연 식생이 복원되지 못하고 있다.

오늘날 고랭지 농업은 조선 시대에 활발해진 산지에서의 작물 재배가 발전한 것이다. 강원도 일대에서는 자급자족의 화전 농업에서 고랭지 농업이라는 상업 농업이 나타나 경작지를 확보하는 과정에 자연 식생은 지속적으로 훼손됐다.

과거 화전에서 발달한 농업 형태가 현재까지 이어지면서 과거에 제거된 자연 식생은 회복되지 못하고 있다. 또한 지역에 따라서는 경작지가 확장되거나 레저, 도로, 지역 개발 등 여러 용도로 산지가 개발되면서 산지 식생은 다른 위기를 맞고 있다. 이와 같은 산지와 숲의 파괴는 이들이 유지해 왔던 자연 생태적인 역할이나 기능까지 교란시키기도 한다.

벌목

산림이 황폐해진 것은 과다한 벌목, 묘지 쓰기 등 사람 활동과 관련 있다. 인위적인 산림 훼손에 따른 피해를 막으려고 조선 시대에는 주민들이 동계(洞契)나 송계(松契)를 만들어 나무를 심어 가꾸었다.

일본은 1906년에 통감부를 설치하고 압록강과 두만강 산림 조약을 강제로 체결해 1910년까지 4,800만m^3의 목재를 벌채했다. 특히 1908~1912년까지 전국 삼림과 임야에 대한 측량을 실시해 자원 수탈을 본격화했다.(김의원, 1989) 제2차 세계대전 중에는 5만km^2를 벌채했고, 송진을 얻으려고

소나무 송진 채취 상처, 경북 청송 주왕산

소나무까지 벌목했다. 일제 때인 1932년에는 979kg의 송지(松脂, resin)를 채취했으나, 차츰 채취량이 늘어 1933년에는 2,340kg으로 늘었다. 1939년에는 47만 5천 그루의 소나무에서 44만 8천kg의 송지를 채취했다.

1928~1939년 사이에는 4,292만kg의 굴피나무 껍질을 채취했다.(한국임정연구회, 2001) 그 결과 20세기 초 7억m^3에 달하던 산림 축적은 광복 직전에는 2억m^3로 줄어 일제에 의한 산림의 수탈이 심했다는 것을 알 수 있다.(전영우, 1999b) 1945년 이후에는 사회적 혼란과 무질서 등에 더해 국민 생활이 어려워져 산에서 땔감, 목재, 임산 연료 에너지원을 채취하면서 민가 주변 숲이 사라지거나 인위적인 간섭으로 교란됐다.

광복 후 미국 군정 체제로 바뀌면서 산림 행정에 공백이 생기고 남북 분단으로 전기와 석탄 교류가 중단되면서 에너지가 부족하자 남한에서는 난방과 취사용으로 많은 나무가 벌채됐다. 6·25전쟁에 의한 산림 피해는 1950년 10월 말까지 780만m^3에 이르렀고, 전쟁 중에는 2천만m^3의 산림이 파괴되는 등 숲이 크게 황폐해졌다. 광복 직후 복구가 필요한 산림 면적은 2천km^2에서 6·25전쟁 이후 7천km^2로 늘었다.(이천용, 1996)

1951년에는 〈산림보호임시조치법〉을 공포하고, 이에 근거해 산림계를 결성하여 조림과 육림에 힘썼다. 이후에 전국적으로 2만여 개의 산림계가 조성됐다. 1961년에는 〈산림법〉이 공포됐다.(한국임정연구회, 1975) 1950년대 후반과 1960년대 초반기가 우리나라 역사상 가장 황폐한 임야가 많았던 시기로, 피해 면적이 전체 산림 면적의 10% 이상을 차지했다.

이후 사회가 안정되고 벌채를 억제하는 제도가 정착되면서 숲의 파괴 속도와 정도는 점차 줄었다. 그러나 산불 발생 면적은 1958년 50km^2, 1968년 36km^2, 1972년 138km^2, 1978년 137km^2, 1986년 326km^2로 증감이 심했다.(산

림청, 1989)

  스위스 알프스를 답사할 때 동행하던 스위스 교수가 필자에게 이야기한 말이 생각난다. 눈앞에 보이는 알프스의 울창한 나무들을 잘라 산 아래 기차역까지 가져가는 비용과 시베리아에서 원목을 수입해 기차역으로 운반하는 가격을 비교하면 러시아산 원목 가격이 더 싸다는 말이었다. 이것이 머지않아 우리 현실이 되지 않을까 생각하면서 대응책을 고민한다.

묘지

산림을 훼손한 요인에는 묘지도 있다. 현재 우리나라에 얼마나 많은 묘지가 있는지에 대한 정확한 통계 자료는 없으나 1980년 기준으로 묘지의 90% 이상이 산지에 분포되어 있다.(김갑덕, 1994) 보건복지부는 2010년에 불법 분묘 정비를 위해 전국 묘지 조사 계획을 추진했다. 당시 정부는 비무장 지대, 군사 시설 보호 구역, 고산 지대 등 접근이 곤란한 곳을 제외하고 파악할 수 있는 분묘 수를 총 1,300만 기로 추정했다. 국가통계포탈(http://kosis.kr)에 따르면 우리나라 묘지 면적은 282,461,722m^2에 이른다.

묘지는 유형별로 크게 공설 묘지(공동 묘지, 특수 묘지)와 사설 묘지(공원 묘지, 단체 묘지, 개인 묘지)로 구분한다. 이 가운데 개인 묘지가 전체 묘지의 약 70%를 차지하며, 집단 묘지는 30%에 불과하다. 지나치게 많은 개인 묘지와 넓은 1기당 묘지 면적, 불법 및 무연고 분묘 증가 등은 큰 문제이다. 개인 묘지 1기당 평균 묘지 면적은 약 49.6m^2(15평)로, 국민 1인당 평균 주택 면적이 14.2m^2(4.3평)인 것에 비해 3배가 넘고, 일본의 묘지 면적에 비해서는 약 7배 넓다. 또한 이들 묘지의 85.6% 정도가 경사도 30도 이하의 경작이 가능한 완경사지에 있어 국내 경지 면적의 0.41%가 묘지이다. 더구나 매년 약 20만 기의 묘지가 새로 설치된다.

근래 들어 유교 전통 의식에 따라 수백 년 동안 지켜 온 매장 문화에 변화가 생겨 매장보다 화장을 선호하는 장례 문화가 자리 잡아 가고 있다. 그러나 화장을 하더라도 돌로 만든 비석, 상석, 납골묘 등을 사용하면 기존 봉분보다 훨씬 오랫동안 남아 자연 생태계에 부담을 주게 되므로 피해야 한다. 최근에는 수목장(樹木葬)이 대안으로 떠오르고 있다. 수목장은 사람이 죽으면 화장해 골분(骨粉, 뼛가루)을 지정된 나무 아래 묻어서 자연으로 돌아가는 장례 문화로, 환경 친화적이고 생태 친화적인 녹색 문화 사업이다.(전영우, 2005)

요즘 젊은 세대는 기성세대와 다른 생활 양식과 가치관을 가지고 있다. 그리고 그들이 내일의 주인공이므로 장묘 문화도 후속 세대의 생활 방식에 맞추어 바뀌어야 한다. 정치 사회적인 이유가 있기는 하지만, 유교 문화 본거지인 중국에서조차 봉분이 있는 묘지를 불법으로 보고 묘지 문제 해결에 나섰다.

묘지, 화장장 등 장묘 시설이 자신이 살고 있는 곳에 들어오는 것을 원치 않는 게 현실이다. 따라서 자연에서 와서 흔적도 없이 자연으로 돌아가도록 화장한 뼛가루를 산, 들, 바다 등 고인이 원하고 평소에 즐겨 찾던 곳에 뿌리는 자연장(自然葬)을 치르는 것이 더욱 자연스러운 대안이 될 수 있다.

산지 개발

히포크라테스는 건강을 지키는 세 가지 기본 요소로 공기, 물, 장소를 들었다. 그러나 현실에서는 깨끗한 공기, 맑은 물, 쾌적한 자연을 유지하기가 쉽지 않다. 한반도의 산과 들에 자라는 숲은 자연 생태계 내에서 여러 가지 기능을 한다.

첫째, 산림은 물을 정수하고 저장하는 녹색 댐이다. 현재 우리나라 연 강수량 1,147억 톤 가운데 3분의 2가 방류되고 있으나, 산에 울창한 숲이 조성되면 숲이 없는 곳보다 30배의 물을 저장할 수 있게 되며, 24시간마다 1정보(9,917㎡)당 300톤의 물을 공급해 준다. 둘째, 숲의 나무는 공기를 정화해 준다. 1정보의 숲은 1년에 78명이 호흡할 때 필요한 18톤의 산소를 공급하고, 인간이 배출한 이산화탄소를 흡수하는 등 공기를 정화한다. 셋째, 삼림은 기후를 조절한다. 산과 숲은 에너지와 물의 순환을 원활하게 해 기온, 강수, 습도, 바람 등을 조절해 기후를 조절하고 기후 체계를 유지할 수 있게 한다. 넷째, 숲은 각종 생활 물자 공급처로, 의식주에 요구되는 필수 재료와 자원, 공간을 공급하는 역할을 한다. 다섯째, 숲은 야생 동식물의 서식처이다. 생물종, 유전자 등을 간직한 생태계 다양성의 보고이며, 야생 동식물의 먹이와 생존 공간을 안정적으로 제공한다. 여섯째, 숲이 있어야 토사의 침식과 유실을 막을 수 있다. 나무가 없는 산은 우거진 산보다 유수 유출량이 6배나 많아 토사 침식률이 우거진 숲의 60배에 이른다. 즉 숲은 산지의 유수량을 조절해 토양 침식과 풍화 속도를 조절하는 효과

국립수목원, 경기도 포천

를 준다. 일곱째, 숲은 심신을 수양하는 곳이다. 등산, 레저, 휴양, 삼림욕 등으로 마음을 다스리고 체력을 단련하는 공간이다.

그러나 산지에 들어선 골프장, 스키장, 공장, 도로, 광산, 채석장, 케이블카, 산악 도로, 축산 시설, 송전탑, 통신 기지국 등 인공 구조물과 희귀목, 송진, 야생화 채취 활동, 잘못된 벌목, 쓰레기 투기 등 개발로 숲이 훼손되면서 복잡한 환경 문제가 나타났다.(이장오, 1994)

먼저 골프장과 스키장은 농약 피해, 자연 경관 훼손, 자연 생태계 파괴, 산사태, 농약과 화학 비료 배출, 토양 오염, 수원 오염과 지하수 고갈, 도농 간 위화감 조장 등 여러 문제를 일으킨다.

산악 도로를 만들고 도로 길이와 폭을 확대하면 지역 간 접근성이 좋아지고 지역 개발을 가져오지만, 산지 환경을 파괴하고 환경 오염을 가속화시킨다. 지리산 성삼재, 벽소령, 북한산 우이령, 강원도 한계령, 대관령, 미시령 등의 산악 도로는 생태계 단절을 가져왔다. 등산로가 과도한 이용으로 넓어지고 깊어지면 토양 침식과 산사태를 일으킨다.

현재 가동 중인 광산과 폐광들은 환경적으로 큰 부담이 되고 있다. 석탄 광산(태백, 사북, 고한, 정선, 문경 등), 석회석 광산(동해 자병산, 단양, 제천, 영월 등), 광물 광산(봉화 석포제련소, 태백 동점동, 영월 상동) 등지에서의 환경 오염은 하천과 주변 산림에 큰 피해를 준다.

대규모 다목적 댐, 중소 규모의 인공 댐, 양수 발전소 등은 미기후의 변화를 야기하고, 야생 동식물의 서식 공간을 단절시키고, 어류 생태계를 교란하는 등 여러 문제를 일으킨다. 먹는 샘물 생산 공장이 깊은 산속 청청 지역으로 찾아들면서 지하수 개발에 따른 산림 파괴, 환경 오염, 지하수 고갈 등의 문제도 나타났다.

산지에 설치된 인공 구조물인 송전선, 송유관, 저유소, 송수관, 가스관과 가스 저장소, 송수신탑과 접근 도로, 헬기장, 휴게 및 대피 시설, 군사 시설, 기타 설치물 등은 숲을 파괴하고 생태계 안정성에도 부담이다. 사찰, 기도원, 수도원 등 종교 시설의 무리한 확장과 신설도 산지 파괴를 부채질한다.

우리나라 산은 지형 특성상 한 번 간섭을 받거나 훼손되면 회복이 쉽지 않은 발달 단계에 있다. 높은 산지는 열악한 기후 조건과 낮은 생산성 때문에 일단 파괴되거나 훼손당하면 복구가 거의 불가능하므로 이용과 관리에 매우 신중한 태도가 필요하다.

제 9 장

민둥산을
푸른 숲으로

벌거숭이 민둥산이 푸른 숲으로 바뀌면서 토사 유출, 산사태, 하천 범람을 방지할 뿐만 아니라, 수질 개선, 기후 완화, 맑은 공기 공급, 생태계 안정, 임산물 생산, 건강 증진 등 많은 혜택을 주고 있다. 이런 선물을 누가 우리에게 주었을까? 어떻게 황무지를 삼림 지대로 바꾸었을까? 푸른 숲을 만들면서 고생을 얼마나 많이 했을까? 세계가 궁금해하는 질문에 대한 해답을 찾아보자.

민둥산에서 푸른 숲으로

제2차 세계대전 후 가장 성공적인 조림 국가로 알려진 우리나라는 정부와 국민이 힘을 모아 나무를 심고 가꿔 헐벗은 민둥산을 울창한 산림으로 바꾸었다. 오늘날 산과 들에 자라는 나무들은 자생종이거나 산지를 녹화하려고 심었던 리기다소나무, 아까시나무, 낙엽송이라고 부르는 일본 잎갈나무 등 외국으로부터 도입한 나무 또는 외래 수종의 후손이며, 이 나무들이 서로 어울리고 경쟁하면서 살고 있다.

일제 강점기 초기에는 황폐한 산림을 복구하고자 우리나라에 자생하는 천연 수종을 이용해 산림을 갱신하려 했으나 성공하지 못했다. 그 뒤 시기별로 각각 다른 나무를 조림하면서 숲을 푸르게 만드는 노력을 이어 갔다.

<표> 시기별 조림 수종

시기	주요 조림 수종	특징
1905~1906	삼나무, 편백, 미루나무, 좀사방오리나무, 일본전나무 등	일본 도입종
1906	소나무, 상수리나무 등	자생종
1907	소나무, 해송, 낙엽송, 상수리나무, 산오리나무, 좀사방오리나무, 아까시나무 등	일본 도입종 위주
1910~1918	소나무, 아까시나무, 포플러, 족제비싸리 등	자생종+도입종
1922~1931	산오리나무, 물갬나무, 소나무, 해송, 좀사방오리나무, 사방오리나무, 리기다소나무 등	낙엽활엽수+북미산 소나무
1926~	소나무, 잎갈나무, 곰솔, 잣나무, 분비나무, 전나무, 참나무류, 호두나무, 박달나무, 느티나무 등	천연 갱신 병행
1931~	오리나무, 싸리, 밤나무, 호두나무, 옻나무, 오동나무 등	경제 수종

1937~	포플러, 비술나무, 아까시나무, 오리나무류, 갯버들, 고리버들, 싸리류, 족제비싸리 등	연료림
1945~	리기다소나무, 낙엽송, 잣나무, 편백, 삼나무, 오리나무, 싸리, 포플러, 밤나무, 호두나무, 옻나무, 오동나무, 대나무 등	경제 수종
1951~	싸리, 오리나무, 아까시나무, 상수리나무, 리기다소나무 등	속성 수종
1953~	소나무, 잣나무, 삼나무, 편백, 낙엽송, 전나무 등	용재 수종
1954~1959	아까시나무, 상수리나무, 신갈나무, 오리나무, 싸리나무 등	연료림+지력 개량 수종
1960~1966	잣나무, 낙엽송, 삼나무, 편백, 해송 등	용재림
1967	잣나무, 낙엽송, 삼나무, 편백, 리기다소나무, 소나무, 전나무, 리기테다소나무, 이태리포플러, 은수원사시나무, 밤나무, 호두나무, 감나무, 대나무 등	산림청 발족

1905년과 1906년에는 일본 도입종을 조림하고, 자생종인 소나무, 상수리나무를 묘목으로 길렀다. 1907년에도 일본에서 여러 종을 수입해 서울 주변 산지에 조림했는데, 그 가운데 조림 성과를 거둔 종류는 소나무, 산오리나무, 상수리나무, 해송 등 자생종이었다. 20세기 초 조림한 수종에서는 소나무와 상수리나무가 가장 중요했다. 일제 때 송충의 피해가 심했어도 소나무를 여전히 심은 것은 마땅한 대체 수종이 없었기 때문이다.

1926년부터는 자생하는 나무들을 활용해 후계목을 길러내는 천연 갱신(天然更新, natural regeneration)과 함께 소나무, 잎갈나무 등을 조림했다. 1931년쯤부터는 송충의 피해를 막고 임상을 개량하고자 오리나무, 싸리 등 활엽수를 많이 심었고, 농촌 소득을 올리기 위해 밤나무, 호두나무, 옻나무, 오동나무 등을 식재했다. 이로써 1933년에 2,055㎢의 산림이 조성됐다. 1937년에 일제는 연료림을 만들기 위해 포플러, 비술나무 등을 식재했다. 1945년 이후에는 경제 수종으로는 밤나무, 호두나무 등을 심었다.(임경빈, 1993, 이천용, 2002)

상수리나무, 충북 보은 속리산

　광복 이후부터 6·25전쟁을 겪은 1953년까지는 삼림 황폐기로 숲이 사라지면서 가뭄 피해, 농토 유실, 생활 환경 파괴가 심했다. 이에 싸리, 오리나무, 아까시나무 등 척박한 토양에서도 빨리 자라는 속성수를 파종하거나 식재해 황폐지를 복구하고 산림을 조성했다. 1953년 휴전 이후에는 소나무, 잣나무, 삼나무, 편백, 낙엽송, 전나무 등 용재 수종을 심었다.

　6·25전쟁 피해를 복구하려고 외국 원조를 받던 시대(1954~1959)에는 산지 황폐의 주된 요인으로 알려진 20개 대도시에 임산 연료 반입을 제한하고 무연탄 사용을 장려했다. 농촌에서는 마을 주변에 아까시나무, 상수리나무, 신갈나무 등 맹아력(萌芽力, 싹을 틔우는 능력)이 뛰어난 수종을 심어 매년 새로 돋아난 가지를 베어 연료로 사용하고 황폐지를 녹화했다. 땅의 힘을

기르기 위해 오리나무, 싸리나무, 아까시나무 등 지력 개량 수종도 심었다. 1959년도 기준으로 땔감 문제를 해결하려고 연료림으로 조성된 면적은 리기다소나무(32%), 아까시나무(24%), 오리나무(13%), 기타 혼합림(31%) 순이었다.(한국임정연구회, 1975)

1961년에는 이태리 포플러*Populus euramericana*가 도입됐고, 1967년에는 은수원사시나무가 육종, 보급됐다. 목재를 생산하는 용재림으로는 잣나무, 낙엽송, 삼나무, 편백, 해송 등을 심었다. 산림청이 발족된 1967년에는 4,550km^2를 식재해, 우리나라 임정사상 조림을 가장 많이 했다.

우리나라 산림이 황폐했던 1960년부터 아까시나무 3,250km^2, 리기다소나무 4천km^2와 이태리 포플러, 현사시나무*Populus tomentiglandulosa* 등 빨리 자라는 나무인 속성수를 심었다. 1970년대에는 산사면을 안정화시키고 지력을 기르기 위한 사방수종으로 싸리*Lespedeza bicolor*, 사방오리나무*Alnus firma*를 황폐지 녹화를 위한 질소 고정 식물로 심었다.(이돈구 등, 2012)

정부는 3차에 걸친 산림 기본 계획으로 파괴된 식생을 전면적으로 복원하려 했다. 제1차 치산 녹화 10개년 계획(1973~1982) 기간에는 21억 3천만 그루의 유실수와 경제수를 심었다. 환경 보전과 치산치수 등 공익적 목적과 재목, 나무 열매를 공급하는 경제적 목적을 이루어 한국 전쟁으로 소실된 산림을 복구하려는 목적이었다. 이로써 차츰 산림은 녹화됐으나 산불이나 벌채 등으로 심는 나무보다 없어지는 나무가 더 많아 입산 통제, 산주 등록제, 묘지 정리, 낙엽 채취 금지 등 국가적 기본 계획을 마련했다. 제1차 치산 녹화 10개년 계획은 1978년 5월 8일 29억 4천만 그루를 심으면서 목표를 4년 앞당겨 달성했다.

<표> 치산 녹화 10개년 계획

구분	시기	조림 수종	특성
제1차	1973~1982	유실수, 오동나무, 삼나무, 일본잎갈나무, 아까시나무 등	유실수+경제수 1978년 목표 조기 달성
제2차	1979~1988	일본잎갈나무, 리기다소나무, 잣나무 등	경제 수종 집중 조림 1987년 목표 조기 달성
제3차	1988~1997	우량한 천연림을 보호림으로 지정해 중점 육성	산지 자원화 10개년 계획 1997년 마무리

제2차 치산 녹화 10개년 계획(1979~1988)은 150만 헥타르에 30억 그루의 나무를 심고 40만 헥타르에 80개의 경제림 단지를 조성하는 것을 골자로 하며, 산지를 자원화하는 것에 방점을 두었다. 이를 위해 일본잎갈나무, 리기다소나무, 잣나무를 경제 수종으로 선택해 집중적으로 심었다. 아울러 활엽수 조림을 확대하는 등 경제림 조림으로 산지 자원화 기반을 조성했다. 이 계획은 1987년에 목표를 앞당겨 달성했다.

제3차는 산지 자원화 10개년 계획(1988~1997)으로, 1988년에는 녹화된 산지를 바탕으로 산지 자원화의 기반을 만들기 위해 '산지 자원화 계획'으로 이름을 바꾸었다. 20여 년간 시행된 산림녹화 운동이 일련의 성과를 올렸다고 판단해 산지를 생산의 장으로 가꾸고 키우는 것으로 중심을 옮겼다. 맑은 공기와 휴양지의 제공 등 환경 개선도 계획에 포함했다. 산림개발기금과 농어촌개발기금을 조성하고, 목재 자급률을 17%로 끌어올리고, 우량 천연림을 보호림으로 지정해 중점 육성했다. 산지 자원화 계획은 1997년에 마무리됐다.

우리나라는 지난 반세기 동안 열매를 맺는 유실수, 빠르게 자라는 속성수, 가로수를 포함한 환경 녹화용 조림 사업으로 전체 산림 면적의 약

일본잎갈나무 조림지, 강원도 평창

60%에 해당하는 4만*km*²에 100억 그루 이상을 심었다. 특히 1995년에서 1999년 사이에 전국적으로 약 2억 7천만 그루의 나무를 심어 가꾸었다. 전체 조림 수목의 42%가 일본잎갈나무 또는 낙엽송이었고, 잣나무(26.5%), 금강소나무(16.4%)도 심었으며, 활엽수 중에는 자작나무가 1.7%를 차지했다.(공우석, 2003)

이처럼 우리나라에서 산림녹화가 성공할 수 있었던 것은 경제 발전과 대체 연료인 연탄을 값싸게 공급한 것, 1961년 제정된 산림법으로 조직된 산림계(山林契) 활동, 1972년부터 시작된 새마을운동으로 수행된 연료림과 조림 사업, 임업 전문가와 산림 공무원의 양성을 통한 조림과 육림 기술의 발전 등 산림에 대한 제도 개혁에 힘입은 바 크다.(오호성, 1993)

1988년부터 시작된 제4차 산림 기본 계획(1998~2007) 때 주요 조림 수종은 용도에 따라 78종으로 늘어났다.

\<표\> 1988년 이후 주요 조림 수종

용도	구분	수종
재목 생산	용재 수종	소나무, 잣나무, 삼나무, 황철나무, 거제수나무, 상수리나무 등 27종
열매 채취	유실수종	호두나무, 밤나무, 대추나무, 감나무 등
경관 조성	조경 수종	은행나무, 느티나무, 이팝나무 등 21종
상업용	특용 수종	느릅나무, 두충, 고로쇠나무 등 13종
환경 오염 개선	내공해 수종	양버즘나무, 산벚나무, 때죽나무 등 13종
그늘 식재	내음 수종	전나무, 주목, 비자나무, 서어나무, 녹나무, 음나무 등 6종
산불 확산 방지	내화 수종	참나무, 동백나무, 황벽나무, 야왜나무 등 4종
특수 임산물	특용 수종	후박나무, 황철나무, 상수리나무 등
소득 증대	수액, 목재	거제수나무, 고로쇠나무, 자작나무 등

편백 조림지, 전남 장성 축령산

　최근에는 낙엽송 비율이 대폭 감소하고 유실수인 밤나무, 특수 임산 자원인 후박나무, 황칠나무, 상수리나무 등과 수액과 목재를 얻기 위한 거제수나무, 고로쇠나무, 자작나무 등의 조림이 늘었다. 우리나라 3대 조림수종은 잣나무(34.4%), 낙엽송(14.4%), 자작나무(11.7%)이다. 그 밖의 조림 수종은 편백, 상수리나무, 리기테다소나무, 느티나무, 해송, 스트로브잣나무, 물푸레나무, 금강소나무, 고로쇠나무, 삼나무, 밤나무 등이다.(홍성천, 2000)

미래 세대에 넘겨주어야 할 자연 유산

　1967년에 국가 산림 정책을 수행하는 정부 조직으로 산림청이 개청하면서 산림녹화가 본격적으로 시작됐다. 1967년 12월에는 〈자연공원법〉에 의해 지리산이 제1호 국립 공원으로 지정됐다. 국립 공원으로 지정된 구역 내에서는 건축과 개발이 엄격하게 제한되어 자연을 보존하는데 기여했다.(이경준, 김의철, 2011)

　1960년대 가난했던 한국은 어려운 처지에서 부자 나라가 되고자 '산림녹화 나무 심기'에 도전, 황폐한 국토에 나무를 심기 시작했고 약 120억 그루의 나무를 심었다. 1970~1990년대에 이르는 30여 년 동안 정부는 치산 사방 녹화 사업을 적극적으로 시행해 황폐한 산지를 푸른 숲으로 변화시켰다. 대표적인 사례가 대관령 특수 조림지와 경북 포항시 영일과 경주시 안강읍 일대 조림지다.(산림청, 2000b, 2017b)

　강원도 강릉시 옛 대관령 휴게소에서 선자령으로 가는 길에 위치한 대관령 특수 조림지는 국내보다 외국에 더 잘 알려진 세계적인 조림 성공 사례다. 옛 대관령 휴게소를 중심으로 도로 양쪽 산자락 311헥타르에 걸쳐 있는 이 조림지는 1976년부터 10년 동안 강풍이 불고 적설량이 많은 척박한 황무지에 84만 3천여 그루의 전나무, 잣나무, 낙엽송 등을 일일이 손으로 심고 가꿔 숲으로 일궈 낸 곳이다.

　바람이 심한 대관령은 나무가 자라기 무척 힘든 환경이다. 겨울에는 춥고 적설량도 많아 한 번 훼손되면 자연 복구가 힘든 곳이다. 이러한 악조

대관령 특수 조림지, 강원도 평창군

건 속에 사람 키보다 큰 방풍벽과 보호통발을 세우고 나무를 심어 지금의 숲을 조성했다. 대관령 특수 조림지는 외국 산림 전문가들이 견학을 올 정도로 유명하다.

경북 포항시 영일 지구에는 1970년대 초반까지만 해도 지형에 따라 풀한 포기, 나무 한 그루 제대로 자랄 수 없었던 4,537헥타르 면적의 산림 황폐지가 있었다. 이 산림 황폐 지역에 1973년부터 1977년까지 5년간에 걸쳐 2,241만 매의 뗏장을 입히고, 230만 개의 돌을 쌓고, 313만 톤의 흙을 채우고, 2,410만 그루의 나무를 심어 황무지를 푸른 녹지대로 바꾸었다.

우리나라 산림녹화의 성공 요인으로는 정부의 과학적이고 체계적인 계획, 국민 참여가 만들어 낸 성공 신화다. 산림녹화 성공의 정치적인 요인으로는 국가 지도자의 관심과 행정 관료들의 노력을 들 수 있다. 동시에 경제개발계획의 하나로 산림녹화 사업을 추진한 것도 산림이 회복되는데 기여했다. 경제적 요인으로는 산업을 발전시키기 위한 배후 자원으로서 산림의 중요성이 알려져 땔감 대신 무연탄을 공급하는 등 에너지를 대체하는 정책이 추진됐다. 사회적인 측면에서는 산림녹화를 이끌 수 있는 인력을 개발했고, 국민이 숲의 중요성을 알게 됐다. 새마을운동을 치산녹화 사업과 연계해 마을 주변 산림을 주민이 직접 가꾸게 했다. 마을 공동체 단위로 산림계를 만들고, 주민 소득을 위해 마을 주변에 속성 유실수를 주로 심어 산림 면적을 늘렸다. 생태적인 측면에서는 도시로 인구가 이동함에 따라 농촌 인구가 감소하면서 농촌 지역 산림에 대한 인간의 간섭이 줄었다. 아울러 산지가 많고 생물 다양성이 풍부했던 점 등도 산림녹화에 긍정적으로 작용했다고 본다.(이경준, 2015)

우리나라 산림녹화는 정부, 기업, 국민이 모두 힘을 합쳐 지속적으로 나무를 심고 가꾸고 보살핀 덕분에 만들어진 작품으로 유엔을 비롯한 국제 사회가 본받을 모델의 하나로 알려졌다. 우리나라 숲이 오늘의 모습을 갖추기까지 산림 문화 발전에 기여한 인물들을 기념하기 위해 국립수목원에 마련한 '숲의 명예전당'에는 고인이 된 여섯 명이 모셔져 있다. 평생 나무 종자를 채집하면서 살아온 나무 할아버지로 알려진 김이만 할아버지, 산림을 가꾸는데 필수인 좋은 나무를 육종해 보급하고 국가 산림 정책에 기여한 현신규 교수, 강력한 산림녹화 정책을 이끌어 모범적인 조림국으로 이끈 박정희 전 대통령, 전남 장성 축령산의 편백나무와 삼나무의 울창한 숲을 가꾼 산림왕 임종국 선생, 천리포 수목원을 가꾸고 산림녹화에

숲의 명예전당, 경기도 포천 국립수목원

힘쓴 귀화 한국인 민병갈 원장, 일생 40㎢의 산림에 300만 그루의 나무를 심고 묘지 대신 수목장을 실천하면서 국토 녹화에 공헌한 SK 최종현 전 회장 등이 헌정됐다.(산림청, 2017a, b)

국가 산림 정책은 숲을 지키는데 결정적인 역할을 했다. 우리나라는 도시계획법을 개정해 개발을 제한하는 구역을 지정할 수 있게 하는 개발 제한 구역(그린벨트 제도, 도시의 평면적 확산을 방지하고, 도시 주변 자연환경 보전 등을 위해 국토 교통부 장관이 도시 개발을 제한하도록 지정한 구역)을 1971년에 도입해 도시 주변 숲을 지킬 수 있었다. 도시를 둘러싼 숲을 보전하려는 이 제도는 처음 도입한 영국에서조차 제대로 정착하지 못했으나, 우리나라에서 성공적으로 자리 잡았다.

그러나 이후에 개발 제한 구역은 정치 사회적인 목적을 위해 1980년대 후반부터 1998년 5월에 이르기까지 총 46차례에 걸쳐 규제 완화를 실시해 개발 제한 구역 내 개발 허용 범위를 확대해 왔다. 특히 정부는 1997년 12월에 제15대 대통령 선거 공약으로 구역 조정 방침을 정한 이후 2년에 걸쳐 건설교통부 주관으로 개발 제한 구역을 부분적으로 푸는 정책을 추진했다. 1999년에는 제도 개선 방안을 발표하고 〈개발 제한 구역 조정에 관한 지침〉을 통해 개발 제한 구역을 해제하는 입장을 발표했다. 최근에도 서울 등 대도시 주변 개발 제한 구역을 해제해 주택을 지으려는 국토교통부 계획이 발표되었다가 서울특별시 등 지자체, 전문가와 환경 단체의 반발로 보류되기도 했다.

도시 숲은 도시에서 발생한 이산화탄소를 흡수해 광합성을 하고 산소를 공급해 주는 도시의 허파와 같다. 도시 주변 숲과 녹지는 지구 온난화에 따라 도심 기온이 주변 지역보다 높아지는 열섬(heat island) 현상을 완화해 주는 천연 에어컨이다. 도시를 둘러싼 숲은 도시와 주변 농촌, 산지를 이어 주는 생태계 연결 고리이자 생명을 지켜 주는 안전띠와 다르지 않다. 생명 공간인 그린벨트를 단기적인 정치 경제적 목적을 위해 훼손하는 것이 미래를 살아갈 후손들을 위한 바른 결정인지 되돌아봐야 한다.

절대 보전이 우선되어야 할 국립 공원 권역 내에서도 사람 편의를 위해서 케이블카, 산악 도로, 인공 구조물, 스포츠 시설, 위락 시설 등 여러 편의 시설 설치에 대한 요구가 커지고 있다. 최근 논란이 되고 있는 설악산 케이블카 설치 사업이 대표적인 사례이다. 천연기념물과 천연 보호 구역을 지정해 관리해야 할 문화재청과 국립 공원 관리를 담당하는 환경부, 국유림을 관리하는 산림청 그리고 지역 개발을 도모하는 지방 자치 단체가 서로 책임감을 가지고 자연 유산을 관리할 수 있도록 관심이 필요하다.

국립 공원 밖이지만 일주일 정도의 동계 올림픽과 같은 국제 대회를 위해 수백여 년 유지되어 온 원시림에 가까운 가리왕산 천연림을 훼손한 것은 우리 숲 역사에 지울 수 없는 오점으로 남았다. 단기적인 경제적 이익보다는 장기적인 자연 생태적 가치를 우선하고, 소수 사람들보다는 전체 국민의 이익을 먼저 생각하는 정책이 선행되어야 한다. 우리 주변 나무와 숲은 미래 세대에게 오롯이 넘겨주어야 할 자연 유산이다.

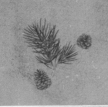

제10장

미움받는 나무와 사랑받는 나무

전국 산과 들에 심은 나무에는 자생종도 있지만, 일부는 급한 마음에 국외에서 씨앗을 들여와 대량으로 증식시켜 묘목으로 보급한 외래종이었다. 이들 외국에서 도입해 심은 조림 수종은 오늘날 우리나라가 고향이 아니라는 이유로 푸대접을 받고 있다. 반면 달콤한 열매를 선물하는 과수는 종류, 원산지와 관계없이 환영받고 있다. 같은 외래 식물인데 대접이 다른 이유는 무엇일까? 지금부터 외래종의 사연을 알아보자.

영웅에서 역적으로 몰린 애꿎은 나무들

우리가 흔히 아카시아라고 잘못 알고 있는 아까시나무*Robinia pseudoacacia*는 땔감, 재목, 꿀벌을 치는 양봉의 밀원식물(蜜源植物, honey plant), 식물성 비료, 가축 사료, 산사태 방지 등 여러 용도로 활용됐다. 그러나 왕성하게 번식하면서 자연 식생 발달에 방해가 된다며 점차 천덕꾸러기 취급을 받았다.

우리나라에 1891년 처음 들어온 아까시나무는 북아메리카가 원산지인 외래 식물이다. 이후 조선 총독부는 아까시나무 목재를 철도 침목용으로 사용하려고 북미와 중국 청도 등에서 씨앗을 수입해 인천 월미도에 처음 심은 뒤 전국에 보급했다. 아까시나무는 도입된 지 130여 년이 지난 지금 논란의 중심에 있다. 한쪽에서는 사방용, 연료용, 목재 및 밀원식물로써의 유용성을 주장하는 반면, 다른 쪽에서는 빈 땅에 대한 침입력이 너무 강해서 식물 생태계를 교란시키기 때문에 없애야 한다는 주장이다.

우리나라에 도입돼 대규모로 식재되고 130년이 된 수종은 아까시나무가 유일하며, 우리나라 조림 역사의 산증인이라고 할 수 있는 수종이다. 일제 수탈과 한국동란으로 황폐해진 민둥산들이 아까시나무의 대대적인 조림 사업으로 녹화될 수 있었으며, 1960~1970년대에는 산의 침식을 막아 주는 사방용 나무였을 뿐만 아니라 농촌에 연료를 공급해 주는 역할을 했다. 그 결과 산지 녹화를 앞당길 수 있었다.

아까시나무는 콩과식물로, 뿌리혹을 가지고 있어 공기 중 질소를 질소 비료로 바꾸어 줌으로써 토양을 비옥하게 만든다. 또한 빨리 자라 땔감을

아까시나무, 서울 일자산

리기다소나무, 충남 태안 천리포

제공하고, 양질의 꿀을 생산해 주며, 겉흙이 씻겨 나가는 것을 막는 사방 능력도 있다. 수명은 30~40년 정도로, 아까시나무가 서서히 죽고 비옥해진 산에 참나무류와 다른 활엽수들이 자라면서 자생 수종이 번성하는 울창한 숲으로 바뀐다. 오염이 극심한 지역에서 다른 수종에 비해 출현율이 높으며, 특히 대기 오염이 심한 곳의 식생 복원용으로 적합하다. 산성비에 대한 완충 작용이 뛰어나 도시 주변 환경수로 이용한다. 또한 우리나라 밀원식물 중 가장 대표적인 것으로, 아까시나무꿀은 전체 양봉 산물의 70%를 차지한다.

그러나 아까시나무와 같은 역할을 하면서 우리 풍토에 적응해 살아온 자생종으로 우리 국토를 푸르게 만들었다면 더욱 좋았을 것이다. 아까시나무는 북한에서도 조림 수종으로 널리 심어진다고 한다. 아까시나무가 어떤 종인지에 대해 체계적인 연구가 이루어지면 산지가 황폐해져 고통을 겪고 있는 북한의 산림녹화에 효과적으로 대응할 수 있을 것이다.

아까시나무보다 논란의 정도는 덜 하지만 리기다소나무_Pinus rigida_도 푸대접을 받기는 마찬가지다. 미국 동남부가 원산지인 외래종 리기다소나무는 일제 강점기인 1907년경 우리나라에 처음 들어왔다. 한국 전쟁이 끝나고 한창 복구가 시작된 1960~1970년대에는 4,800km^2 면적에 리기다소나무 숲이 생겼다.

한국 전쟁 뒤 우리 산은 나무가 거의 없는 민둥산이다 보니 수종과 관계없이 우선 산에 나무를 심는 일이 시급했다. 양분이 없는 척박한 곳에서도 자랄 수 있는 나무가 바로 바늘잎이 세 개인 리기다소나무였다. 소나무나 곰솔 등 다른 소나무 종류는 줄기에서 '맹아(萌芽)'가 돋아나지 않지만, 리기다소나무는 줄기 여기저기에 맹아라는 부정기적인 작은 새싹이 돋아나 자라며, 자손부터 퍼뜨릴 욕심에 솔방울이 잔뜩 열리는 나무다.

우리나라에 리기다소나무가 들어온 배경을 잘 모르는 사람들은 쓸모 없는 나무를 심었다고 이제 와서 비판하지만, 리기다소나무가 있었기 때문에 오늘날 푸른 우리 산을 보게 된 것이다. 리기다소나무는 그에게 주어진 역할을 모두 끝내고 자생종 나무로 교체되면서 우리나라 숲에서 차츰 사라져 가고 있다.(박상진, 2011)

우리 숲을 푸르게 가꾸어 준 나무들을 더 이상 쓸모가 없다고 구박하는 것은 개구리가 올챙이 시절을 잊은 양 속 좁은 마음가짐이다. 벌거숭이산에 양분을 공급해 주고 토양을 안정화시키고, 다른 식물들을 끌어모아 우거진 산림을 만들어 준 나무들은 원산지와 관계없이 대접을 받아야 마땅하다. 예전처럼 자생종으로 조림할 수 없는 상황이 다시 반복되지 않도록 노력해야 한다. 자식을 위해 희생한 늙은 어머니와 같고 전쟁터에서 나라를 위해 싸운 참전 용사와 같은 나무를 쓸모없어지자 단지 외래종이라고 천대하는 것은 생태 윤리적으로 옳다고 볼 수 없다. 제 몫을 다한 빈약한 나무에게도 애정을 베푸는 것이 자연스럽다.

과거에 급하게 조림하면서 겪었던 시행착오를 되풀이 하지 않으려면 우리 주변에 자라는 식물의 생리 생태적 특징을 자세히 파악해 용도에 맞는 자생종을 충분히 확보하고 증식하여 심을 수 있도록 준비해야 한다. 산림 황폐화의 부작용을 겪고 있는 북한은 산림녹화를 위해 자생종을 선택할지, 외래종이라도 우선 심어야 할지 선택의 기로에 있다. 그런 이유로 경북 봉화에 새로 문을 연 국립백두대간수목원 지하에는 대규모의 자생 식물 종자 냉동 저장고인 시드볼트(seed vault)가 운영되고 있다.

골칫거리가 된 외래 식물과 귀화식물

나무와 숲은 공기를 정화해 주고, 물을 보관했다가 공급하고, 아름다움을 제공하고, 환경을 보호해 주고, 대체 식량과 필수 영양분을 공급해 주는 등 혜택을 준다.(이경준, 김의철, 2011) 그러나 그 지역에서 원래 자라지 않던 외래 식물(外來植物, exotic plant, alien plant)이 재래종 또는 토종 대신 정착해 스스로 번식하는 귀화식물(歸化植物, naturalized plant)이 되고 그 숫자가 많아지면 부작용이 나타난다.(박수현, 1996, 2001, 2009)

우리나라에 분포하는 주된 외래 식물은 국화과(약 58종), 벼과(약 36종), 십자화과(약 17종), 콩과(약 14종), 마디풀과(약 12종), 메꽃과와 가지과(약 10종) 등이 대부분이고, 나머지 과들은 10종 미만이다. 조사된 외래 식물 218종의 원산지는 유럽이 37.8%, 북미가 21.4%를 차지하며, 이들 지역과의 인적, 물적 교류의 증가와 일본을 통해 2차 도입된 생물종이 많을 것으로 본다.

꽃가루병을 일으키는 것으로 알려진 돼지풀*Ambrosia artemisiifolia var. elatior*, 망초속*Erigeron* 의 개망초, 망초, 실망초 등 3종류, 콩과의 토끼풀*Trifolium repens*, 자운영*Astragalus sinicus*, 개자리*Medicago sativa* 등을 비롯해 밤에만 꽃이 활짝 벌어지는 달맞이꽃*Oenothera odorata*, 가을날 길가를 여러 가지 색깔로 꾸미는 코스모스*Cosmos bipinnatus*, 봄과 가을에 노란 꽃을 피우는 서양민들레*Taraxacum officinale* 등이 대표적인 귀화식물이다.

우리나라에서 자라는 귀화 수종은 도입 시기를 알 수 없는 경우가 많다. 은행나무, 가죽나무, 호두나무, 포도, 모감주나무, 배롱나무, 모란, 자귀나무, 벽오동나무, 백목련, 자목련, 백송, 안피, 유동 등은 아주 오래전에 들어왔다고 본다. 조선 말기에 들어온 수종은 아까시나무, 포플러류 등이다.

일제 때 도입된 수종은 삼나무, 편백, 화백, 나한백, 리기다소나무, 은백양, 스트로브잣나무, 낙우송, 일본잎갈나무(낙엽송), 히말라야시다, 족제비싸리, 칠엽수, 용버들, 금송, 네군도단풍나무, 라일락, 독일가문비나무, 가이즈까향나무, 양버즘나무, 일본 목련, 미국피나무, 연필향나무, 방크스소나무, 사방오리나무, 유럽물푸레나무 등이다.

광복 후에 들어온 귀화 수종은 메타세쿼이아 *Metasequoia glyptostroboides*, 중국단풍나무, 은단풍나무 등이다.

외국 원산의 새로운 나무들은 사방 공사용, 조경용, 원예용, 과수용 등으로 도입되고 있다. 최근에는 지구 온난화에 따라 열대, 아열대에서나 보던 관상수, 유실수가 이 땅에 들어와 뿌리를 내리고 이웃이 되었다. 오래전 가로수로 별 생각 없이 심은 메타세쿼이아는 현재 관광객을 끌어모으는 효녀 효자 노릇을 한다. 특히 전남 담양 메타세쿼이아 길은 유명 관광지로, 입장료까지 받으면서 지역 경제 활성화에 기여하고 있다. 경기도 가평 남이섬의 메타세쿼이아 길도 연인들이 추억을 만드는 명소가 되었고, 서울 양재천에 심겨진 메타세쿼이아 가로수 길은 주변 상권에 영향을 주어 카페 거리로 동네 모습까지 바꾸었다.

메타세쿼이아 가로수, 서울 양재천

    외국에서 들어온 식물 가운데 우리 풍토에 적응해 번식하는 귀화식물
은 들어온 시기에 따라 나눌 수 있다. 1876년 개항 이전에 들어온 식물을
사전귀화식물(史前歸化植物)로 본다. 벼과 함께 도입된 돌피, 강피, 물달개비,
마디꽃, 방동사니, 바람하늘지기 등 남방계 식물이 대표적인 사전 귀화식
물로, 이들 식물의 입장에서는 억울하지만 사람들은 잡초(雜草, weed)라고 한
다. 보리의 도입과 함께 수영, 냉이, 벼룩이자리, 쇠별꽃, 질경이 등 유럽
식물이 중국을 경유해 들어와 잡초가 되었는데, 이를 구귀화식물(舊歸化植物)
이라 한다. 개항 이후에 들어온 것은 신귀화식물(新歸化植物)로, 주로 일본을
통해 들어왔다. 6·25전쟁 후에는 국제 교류가 많아지면서 원산지에서 직
접 들어오기도 해서 현재까지 귀화식물은 220여 종에 이른다.

<표> 시기별 대표적 귀화식물

시기	연도	유입 경로	도입된 식물
제1기	1911년 이전 43종(23.8%)	중국, 아시아	개항 이전: 털여뀌, 쪽, 자리공, 갓, 큰 꿩의비름, 자운영, 전동싸리, 황금, 어저귀 등
	1912~1921년 25종(13.8%)	북미, 일본	개항 이후: 애기수영, 소리쟁이, 말냉이, 잔 개자리, 붉은토끼풀, 토끼풀, 망초, 실망초 등
제2기	1922~1937년 4종(2.2%)	일본	왕달맞이꽃, 창질경이 등
	1938~1949년 17종(9.4%)	아메리카, 일본	물냉이, 데이지, 큰망초 등
	1950~1963년 9종(5.0%)	일본	돼지풀 등
제3기	1964~1980년 48종(26.5%)	일본, 또는 원산지 직접 유입	단풍잎돼지풀, 콩말냉이, 미국쑥부쟁이, 별꽃아재비 등
	1981~1993년 35종(19.3%)		

우리나라에 자라는 귀화식물 181종의 원산지는 유럽 75종(41.4%), 북미 43종(24%), 중미 17종(9.4%), 아시아 14종(7.7%), 남미 11종(6.1%), 중국 9종(5%), 열대 4종(2.2%), 인도 3종(1.7%), 아프리카 2종(1.1%), 호주 1종(0.5%), 기타 2종(1.1%)이다.

역사적으로 병인양요와 거문도 사건 등으로 서양 영향력이 컸던 시기인 개항 이후부터 8. 15 광복 때까지는 유럽 원산 귀화식물이 많았다. 한국 전쟁 이후에는 미국 군정 통치와 구호품 원조의 영향으로 북아메리카 원산이 많았다. 경부 고속 도로가 개통되어 국내외 물자 이동이 활발해진 1970년대에는 원산지가 골고루 분포했고, 1980년대 이후에는 오스트레일리아와 아프리카 원산 귀화식물도 등장했다.

귀화식물은 항구, 공항, 쓰레기 매립지, 외국군 주둔지, 공장, 하천, 아파트, 목장 부근 등과 산지에도 분포하며, 인간의 간섭으로 자생종과 생태계 훼손이 심한 지역에 쉽게 정착한다. 따라서 귀화식물이 가장 많이 분포하는 지역은 서울, 부산 등 대도시이다. 인천, 포항, 군산, 강릉, 군산, 제주도 등의 항구 도시, 대전, 대구, 전주와 같은 중규모 도시 등 해안권과 항구 도시, 중규모 도시 주변 지역 순으로 귀화식물 종수가 많다. 귀화식물 종수가 상대적으로 적은 지역은 내륙 지역이다.

국내에 분포하는 귀화식물 가운데 망초, 토끼풀, 서양민들레, 코스모스 등 81종은 전국에 분포하며, 남부 지방에만 분포하는 귀화식물종은 22종, 제주도에만 분포하는 귀화식물종은 16종 정도이다. 귀화식물 가운데 40% 정도는 이미 국내 전역에 확산돼 분포한다.(국립수목원, 2012) 특히 돼지풀류, 가시박, 환삼덩굴, 양미역취, 서양등골나물, 흰독말풀, 땅꽈리 등은 인체 및 자연 생태계에 부정적인 피해를 준다.

환삼덩굴, 서울 중랑천

　귀화식물은 인간에 의해 파괴된 장소, 인간 활동이 빈번한 장소 가운데 비교적 햇빛이 잘 내리쬐는 곳에 주로 분포한다. 특히 빈터, 길가, 등산로, 제방 위 길가, 제방사면, 하천 둔치 등에서 주로 자란다. 서양민들레, 서양등골나물, 돼지풀, 환삼덩굴 등은 이미 숲속을 제외하고 어디에서나 볼 수 있다.

　귀화식물들은 한해살이풀이 많다. 빠르게 성장하고, 빠르게 생식 성장기로 접어들고, 연속적으로 많은 종자를 생산한다. 햇빛 조건 외에는 광범위한 환경도 견디는 내성 범위와 강한 재생력을 갖고 있다. 땅에 바짝 붙어 자라며, 질소를 좋아하고, 양지식물이 많다. 귀화식물들은 종자 발아율이 높고, 종자 수명이 길고, 바람에 의해 꽃가루받이를 하는 풍매화가 많아 어느 곳에나 정착에 유리한 전략을 지녔다.(김준민 등, 2000)

　경기도는 연천군 하천 제방과 국공유지 등에 '뚱딴지'라고도 부르는 돼지감자*Helianthus tuberosus*를 많이 심었다. 돼지감자 덩이에는 이눌린 성분이 많아 당뇨에 효과가 좋고, 섬유질이 많아 비만에도 효과가 있는 것으로 알려져 수요가 늘고 있다. 그런데 경기도가 돼지감자를 심은 이유는 다른 데 있다. 경기 북부 지역을 중심으로 급속히 증가하고 있는 돼지풀을 퇴치하기 위해서다.

　돼지풀*Ambrosia artemisiifolia*은 북아메리카가 원산지인 귀화식물로, 강과 하천 주변 및 DMZ 일원을 중심으로 왕성하게 번식해 서식 면적이 약 1,200만 m^2에 달할 정도이다. 돼지풀은 한 그루에 1천여 개의 씨앗을 맺는데, 만들어진 씨앗은 5년에 걸쳐 발아될 만큼 번식력이 왕성해 현재 〈야생동식물보호법〉에 의해 생태계를 교란하는 외래 식물로 지정돼 있다. 돼지풀 근처에 돼지감자를 심는 것은 돼지풀보다 발아 시기가 앞서고 성장 속도까지 훨씬 빨라 햇빛을 차단하는 등 돼지풀 생장을 억제시킬 수 있

돼지풀

기 때문이다.

우리나라뿐만 아니라 전 세계가 새로운 터전에 귀화하는 외래 식물로 골머리를 앓고 있다. 해외 교류가 활발하지 않은 북한도 돼지풀, 개망초, 별꽃아재비 등의 외래 식물이 문제를 일으키고 있는 것으로 알려졌다. 2010년, 유엔환경계획(UNEP)은 위해(危害) 외래종으로 인한 전 세계적 경제 피해액이 매년 1조 4천억 달러에 달한다고 발표했다.

외래 식물이 자기 본거지를 떠나 낯선 곳에서도 왕성하게 자랄 수 있는 생존 전략 비결은 위기를 기회로 바꾸는 데 있다. 외래 침입성 식물은 다른 식물체보다 기후변화에 대한 대처가 빨라 개화와 과실 시기 등을 적응해 생존율이 더 높다. 즉 식물종의 서식 형태가 변하는 위기 상황에서 기회를 잘 잡는 귀화식물이 점차 우점종 자리를 차지하고 있다.

귀화종은 자생종이 사용하지 않는 틈새를 차지하는 생존 전략으로 살아남는다. 대부분의 토착 경쟁자가 꽃을 더 이상 피우지 않는 10월에서 12월 사이 틈새 기간에 꽃을 피워 벌과 같은 수분 매개 곤충이 이들 귀화 식물에서만 수분하도록 하는 전략을 쓴다. 또한 원래 자라던 식물들과 결합해 현지 적응력을 높이기도 한다. 토종 민들레를 밀어내고 봄만 되면 산과 들에 지천으로 피는 서양민들레*Taraxacum officinale*의 경우 처음부터 우성은 아니었다. 서양민들레는 열악한 환경에서 견딜 수 있는 강한 번식력을 지녔지만, 토종 민들레와의 교배를 통해 더욱 경쟁력을 갖춘 유전자로 변신해 우리나라를 점령했다.

외래종이라고 해서 모두 나쁘지는 않다. 우리 땅에 잘 적응해서 생태계에 좋은 영향을 끼치면 좋은 귀화식물이 된다. 반대로 생태계를 교란하고 고유의 생물 다양성을 파괴하면 위해 외래 식물로 취급받게 된다. 오래전부터 해외에서 곡물류, 채소류, 과수류, 약초류, 기호 식물, 섬유 작물, 원예나 조경용으로 식물들을 도입했다. 과거에는 주로 의식주를 해결하려는 목적으로 도입했던 식물들이 근래에는 산업, 조경, 원예용으로 의식적으로 도입되거나 무의식적으로 도입된 후 우리 자연환경에 정착했다.

외국에서 도입돼 국내 풍토에 적응해 번식하는 귀화식물들을 어떻게 관리해야 할지가 고민거리다. 귀화식물들은 생물종 숫자를 늘리고 다양한 용도로 활용되는 등 긍정적인 효과를 갖지만, 도입된 후 토착화해 국토 자연 생태계의 질서와 균형을 교란하는 부작용을 가져오기도 한다. 따라서 해외에서 식물을 도입할 때는 개개종의 생태적 특성에 대한 체계적인 검토와 토착화 실험을 거친 후 문제가 발생하지 않을 경우에만 도입하는 것이 바람직하다.

누구에게나 사랑받는 과실나무

우리 곁에 자라는 식물 가운데 사람들의 관심과 사랑을 가장 많이 받는 종류는 농가 소득을 올릴 수 있는 공예 작물, 과실나무 등과 같은 경제 작물이다. 이것들은 시장에 내다 팔아서 돈으로 바꿀 수 있어 환금 작물(換金作物, cash crop)이라고 부른다.

공예 작물(工藝作物, industrial crop)은 가공 과정을 거쳐 우리 생활에 여러 용도로 쓰이는 작물이다. 쓰임새에 따라 다음과 같이 나눌 수 있다.

섬유료 작물(纖維料作物, fiber crop) 목화, 삼, 모시풀, 아마, 왕골, 닥나무, 삼지닥나무, 대나무 등

유료 작물(油料作物, oil crop) 참깨, 들깨, 유채, 땅콩, 해바라기 등

기호료 작물(嗜好料作物, recreation crop) 담배, 차나무 등

약료 작물(藥料作物, medicinal crop) 인삼, 박하, 양귀비 등

전분료 작물(澱粉料作物, starch crop) 감자, 고구마 등

염료 작물(染料作物, dye crop) 쪽, 치자 등(김희태 등, 1992)

이들 공예 작물은 화전민과 농민의 소득원이며 생활에 필수적인 자원이기도 해서 널리 재배했다.

마을 주변의 논농사나 밭농사에 적합하지 않은 경사지에는 여러 종류의 과수를 심은 과수원이 있다. 과일을 생산하는 나무는 우리 주변 산지에

살아온 자연 식생을 대신하는, 사람의 필요에 따라 심은 인위적인 현존 식생(現存植生, actual vegetation)이다.

조선 시대에는 국가와 왕실 과수원 관리 기관으로 장원서(掌苑署)가 있었고, 개인이 관리하는 과수원도 많았다. 17세기에 이르러서는 과일 특산지가 많이 생겼다.(김익두, 1998) 1906년에는 대한 제국이 농상공부 소속으로 뚝섬에 원예모범장(園藝模範場)을 설치하면서 과수 재배의 국가적인 기초를 세웠다.

조선 초기에 재배되던 과수는 능금, 앵도, 대추, 배, 감, 유자, 귤, 석류 등이며, 그 가운데 여러 가지 과일을 조정에 진상하려다 보니 물량을 조달하는 과정에서 지방민의 민원이 발생했다. 일반적으로 배는 북쪽, 감은 온양, 남양, 지리산 등 남쪽에 주로 나는 것을 알 수 있다. 사과는 조선 중기에 들어와 남쪽의 대구, 삼랑진 일대, 북쪽의 황주, 진남포, 원산, 함흥 등지에 널리 퍼졌다. 과실나무로는 앵두, 살구, 복숭아, 대추, 감나무를 주로 심었으며, 주종은 대추나무와 감나무였다.(이이화, 1990)

현재 재배되는 과실나무는 자연 식생을 대신해 사람들이 기르는 나무로, 과일을 생산해 가구 소득을 높여 주는 경제 작물이며 가정에서도 소비하는 나무다. 이 가운데 일부는 토종 또는 재래종이고, 일부는 외래종이다. 산림녹화를 위해 심은 외래종 나무들은 오늘날 기피 대상이 되어 푸대접을 받고 있으나 과수들은 원산지와 관계없이 소득을 올려 주고 맛이 있으면 환영하는 분위기이다. 우리가 얼마나 사람 입장에서 식물을 색안경을 끼고 보는지 알 수 있는 대목이다. 재래종이든 외래종이든 모든 식물은 소중한 자연계 구성원이다. 사람들이 깊이 생각하지 않고 무분별하게 외래종을 들여온 다음에 그 식물을 탓하는 것은 바른 자연관이 아니다.

한편 사과, 배, 감, 감귤, 포도 등 주된 과실류 중 사과는 주로 산지에서 재배되기 때문에 사과 과수원을 만들기 위해 산지를 이용하거나 개발했다. 수박이나 포도는 보통 구릉지에서 재배하기 때문에 소비 증가에 따라 생산을 맞추려고 구릉지를 적극적으로 개간했다. 감귤은 근래 소비와 생산이 급증한 과실류로, 제주도에 과수원이 크게 늘었다.

사과 Malus domestica

러시아 남부 캅카스가 원산지로 유럽, 아시아, 북아메리카에 25여 종이 있다. 오늘날 사과 품종은 유럽과 서아시아의 원생종을 개량한 것이다. 능금 Malus asiatica 은 한국, 중국, 일본 등지에 자라는 재래종으로 현재 재배종과는 다르다. 우리나라에서는 1천여 년 전에 재래종 사과인 능금을 재배한 것으로 보인다. 그러나《동국여지승람》,《세종실록지리지》등에 능금 주산지가 기록되지 않은 것으로 보아 널리 재배되지 않았던 것 같다. 우리나라 토종 능금은 발해가 원산지인 능금(林檎)이며, 능금 대신 사과(沙果)라는 이름이 등장한 것은 16세기이다. 17세기에 크고 향기롭고 맛이 좋은 개량종 능금이 주로 관상용으로 중국에서 도입됐다. 북경에서 들여온 능금의 일종인 빈과(蘋果)를 조선 숙종은 서울 북악산 뒤 자하문 일대에 심게 했고, 조선 시대 말에 이르러 20만 그루로 늘었다.

19세기에 토종 능금 특산지는 아산, 순천, 창성, 정주, 의주, 영흥, 함흥 등 7곳이었고, 능금의 주산지는 함흥, 강서, 김제, 광주 등이었다. 남북 분단 직후에는 경북이 남한 능금 생산의 88%, 재배 면적의 70%를 차지했다. 충북 충주 일대도 능금 산지였다. 대구를 중심으로 도시 주변 지역에 과수를 재배하려는 목적으로 산지가 개간되면서 자연 식생이 제거됐다.

오늘날 재배하는 사과

사과 품종으로는 능금나무와 매지나무가 있었고, 국광(國光), 홍옥(紅玉), 축(祝), 왜금(倭錦) 등도 있었다.(김익두, 1998) 서양 사과는 1884~1892년에 도입된 이래, 1890년부터 서양 선교사들이 선교 목적으로 심었다. 1901년 윤병수가 미국 선교사를 통해 원산 부근에 과수원을 조성하면서부터 경제적으로 재배하기 시작했다.

사과 품종으로 1906년에는 홍옥(Jonathan), 국광(Rall's), 1908년에는 화이어사이드(Fireside), 1926년에는 스타킹 딜리셔스(Starking Delicious), 1950년에는 오레이(Orei) 등이 도입됐다. 그 후 인도(印度), 딜리셔스(Delicious), 골든 딜리셔스(Golden Delicious) 등이 재배됐고, 최근에는 늦게 수확하는 만생종 후지(Fuji), 중생종 쓰가루(津輕), 일찍 거두는 조생종 조나골드(Jonagold) 등이 신품종이 주종을 이루고 있다.

주산지는 기상 상태가 특이한 대구를 제외하고는 연평균기온이 8~12℃ 전후인 중부 지방 예산, 충주, 북부 지방 사리원, 황주, 남포, 함흥 등지에 분포했다. 일제 시대에 능금은 대표적인 수출 작물로, 일본, 만주, 중국으로 수출했다. 능금 소비량은 1995년을 정점으로 급속히 감소하는 데, 대체 과일의 수입과 수입 과일이 증가했기 때문이다.(이호철, 2002)

배 *Pyrus serotina*

원산지는 중국 서부와 남서부 일대이다. 한국에는 배의 야생종이 많은 데, 10종 변이종 3종류 등이 전국에 자란다. 재래종 배는 모두 60여 종이 있다. 과거에는 고실네, 황실네, 청실네 등 여러 배 품종이 재배되고, 생산지에 따라도 금화배, 함흥배, 안변배, 봉산배, 봉화현배 등이 있었으나 개량종이 보급되면서 지금은 거의 찾아보기 어렵다. 현재 재배하는 배는 대부분 1906년에 일본에서 도입된 종류로, 우리나라 남부 및 중국 양자강 연안에 분포하던 돌배*Pyrus pyrifolia, Pyrus serotina*가 기본종이다.

배는 적어도 삼국 시대 또는 그 이전부터 재배됐다. 《삼국사기》〈고구려본기〉 양원왕 2년(546), 《삼국유사》 신라 혜공왕(765~779) 때 배나무에 관한 언급이 있다. 또 《도문대작(屠門大嚼)》에는 5종류의 배나무에 대한 기록이 있고, 《완판 춘향전》(19세기)에는 58종의 토종 배가 열거되어 있다.(김용덕, 1999)

배의 전통적인 산지는 황해도 봉산, 황주, 신계, 곡산, 수안, 토산, 함경도 함흥, 안변, 강원도 정선, 김화, 충청도 청주 등이다.(김익두, 1998) 배 품종 가운데 장십랑(長十郎), 만삼길(晩三吉)의 비율이 주는 대신 신고(新高), 행수(幸水), 풍수(豊水) 등 신품종을 재배하는 면적이 늘고 있다.

감나무는 약 190여 종에 이르는 감나무속 나무 중 고욤나무와 함께 재배할 가치가 있는 4종 가운데 한 종이다. 감은 유전적 특성상 쉽게 자연 교배되므로 변이종이 많아 우리나라에는 약 200여 종에 이르는 토종 감이 있다. 1974년 경주 안압지 유적에서 감의 꽃가루가 출토됐고, 고려 명종(1138) 때 고욤인 흑조(黑棗)에 대한 기록이 있다. 조선 성종(1470) 때는 건시(乾柿), 수정시(水正柿) 등의 기록이 있으며, 조선 초기 진상물에 감이 포함되어 있는 것으로 보아 고려 시대부터 감나무가 재배된 것으로 본다. 《지봉유설》에 고욤, 정향시, 홍시 기록이 있어 조선 시대에도 널리 재배된 것으로 본다. 경남 마산시 월장동에는 수령 1천 년이 넘는 감나무가 있다.

감나무는 온대성 과수로 지나친 고온이나 저온은 적합하지 않고, 연평균기온 11~15℃ 정도가 적합하다. 중부 이남 지방 및 황해도 남쪽 바닷가와 강원도 일부 해안 지방에서 재배한다. 목반시, 고종시, 월아, 대접감, 황감, 유감, 먹시, 장두감, 단감 등이 있다.

최근 인기가 많은 단감나무는 추위에 견디는 내한성이 약하다. 9월 평균기온이 21~23℃이고, 10월 평균기온이 15℃ 이상일 때 좋은 단감이 생산되며, 겨울 기온 영하 15℃에서 어는 피해, 즉 동해를 받는다. 단감나무는 서해안 남부 일부와 구례, 하동, 진주, 창녕, 밀양 등지 남쪽이 재배의 안전지대다. 최근에는 단감 재배 면적이 급증했다.

주요 산지로는 경기도 남양, 강화도, 충청도 서천, 전라도 담양, 순창, 곡성, 운봉, 장수, 전주, 경상도 풍기, 진주가 유명하다. 우리나라 감 가운데 우수한 품종은 경북 의성이 원산인 사곡시(舍谷柿), 경북 예천과 경남 서부 지방인 주산지인 고종시(高種柿), 경남 산청이 원산지인 단성시(丹城柿), 경북 경산, 청도와 경남 함안이 주산지인 반시(盤枾) 등이다.

대추 *Zizyphus jujuba*

유럽 동남부, 아시아 동남부 원산으로, 중국을 거쳐 도입됐으나 시기는 모른다. 대추나무 재배를 권장하던 1188년 기록으로 보아 훨씬 이전부터 심은 것으로 보인다.

대추나무는 한반도 전역에 분포한다. 과거에는 충북 보은 지방을 중심으로 중부 지방에서 주로 재배했지만, 1960년대 후반부터 발생한 빗자루병으로 대부분 말라죽었다. 특산지는 황해도 봉산, 신천, 평안도 상원, 중화, 충청도 청산, 보은, 경상도 개녕, 경산, 함양, 전라도 창평, 광주 등이다.

감귤 *Citrus sinensis*

원산지는 인도부터 중국 중남부에 이르는 아시아 대륙 동남부와 그 주변 섬이다. 일본 역사서에는 삼한(三韓), 상세국(常世國)에서 귤(橘)나무를 가지고 왔다는 기록이 있어, 우리나라에서 감귤 재배의 역사는 매우 길다.

《고려사(高麗史)》〈세가(世家)〉에는 고려 문종 6년(1052) 때 세공(歲貢)으로 탐라국에서 받아 오던 귤(橘子)의 양을 100포로 늘린다는 기록이 있다. 제주 감귤류는 대개 고려 중기 이래로 활발하게 재배된 것으로 보는데, 아마 중국 남부에서 옮겨 심은 것으로 본다.

《조선왕조실록》에는 태종 때(1413)와 세종 8년(1426) 2월에 남해안까지 감귤 재배지를 넓히기 위해 재배 시험을 했다는 기록이 있다. 조선 시대에 진상품으로 매년 20운(運, 3천~7천 개)에 걸쳐 각종 감귤류가 공출됐기 때문에 나중에는 감귤나무를 베어내는 등 폐해가 컸다.(이춘령, 1968) 제주도에서는 공물로 할당된 감귤 양이 너무 많고, 수송 부담이 커서 귤나무 재배를 기피하거나 뽑아버렸다. 〈세조실록〉에는 백성이 귤나무 심기를 기피하며 심한 자는 뽑아 버린다는 구절이 있다.(김영진, 이은웅, 2000) 《탐라지(耽羅誌)》에 따르면, 17세기 제주도에는 모두 36곳의 감귤 과원이 있었고, 6,607그루 가 재배됐다.

1960년대 중반까지 전체 농경지의 1%에도 미치지 못했던 감귤 재배 면적이 현재에는 30% 정도를 차지한다. 요즘 재배하는 감귤은 내한성이 강한 온주밀감이 96%로 주종을 이룬다. 온주밀감은 일찍 거두는 조생온 주가 44%, 보통온주가 56%로, 조생온주의 재배 면적이 늘고 있다.

온주밀감(溫州蜜柑, Citrus unshiu)은 구한말 박영효가 일본에서 들여와 제주시 구남천에 심은 것이 처음이다. 현존하는 가장 오래된 온주밀감원은 1911 년 타케(Taquet, E.) 신부가 일본에서 들여온 묘목이 자라는 서귀포 한국순교 복자수도원 제주분원이다. 1910년쯤 일본에서 도입한 온주밀감을 1960 년 후반부터 본격적으로 재배하기 시작했으며, 1960년대 초에는 일본에 서 많은 계통의 온주밀감 묘목들이 도입됐다.(정흥규, 2019)

우리나라처럼 겨울철 기온이 낮은 곳에서는 재배 온도가 감귤 재배의 중요한 제한 인자이다. 우량한 감귤의 재배 온도는 연평균기온 16℃ 정도 이다. 기온이 낮으면 나무 발육도 떨어지고 과실 수량과 품질도 저하되며, 영하 7℃ 이하로 내려가는 지역에서는 재배하기 어렵다. 온주밀감은 가장 추운 달의 월평균기온이 5℃ 이상이고, 최저온도가 영하 5℃ 이하로 내려 가지 않는 곳에서 안전하게 재배된다. 감귤나무는 자식을 육지에 있는 대 학을 보낼 수 있을 정도로 수입이 많다고 해서 대학나무라고도 불렀다.

유자 *Citrus junos*

원산지는 중국 양쯔강 상류인 쓰촨, 후베이, 윈난 등지이다. 한반도에는 1천여 년 전 남해안을 통해 도입된 것으로 보인다. 오늘날 유자는 경남 남해군과 전남 고흥군을 중심으로 재배된다. 고흥은 근대 유자 재배 기술 진흥지이고, 남해는 주요 재배지로 떠올랐다.

밤 *Castanea crenata*

중국, 한국을 원산으로 자생하며 재래종을 재배하고 있다.(안완식, 1999) 특산지는 평안도 함종, 성천, 순천, 정주, 경기도 양주, 양근, 가평, 경상도 밀양, 청도, 상주, 거창, 제주도 등지이다.

우리나라는 예부터 밤나무를 많이 재배했지만, 1960년 강원도 원주에서 밤나무혹벌이 발견된 이래, 혹벌에 의한 피해가 빠르게 번져 몇 년 사이에 재래종 밤나무는 멸종 위기에 놓였고 생산량도 급격하게 줄었다. 1970년대부터 산지의 효율적 이용을 위해 정부에서 적극적으로 밤나무 재배를 장려해 재배 면적이 매년 급격히 증가했다. 충남 공주 정안면 일대가 특산지로 알려졌다.

매실 *Prunus mume*

중국 남부 쓰촨, 후베이가 원산지로, 도입 시기는 알지 못한다. 오늘날에는 전남, 전북, 경남, 충북, 경기, 황해도 등지에 주로 자라며, 특히 전남 광양 일대는 매실 산지로 잘 알려졌다. 연평균기온이 12℃ 이상, 꽃가루받이 곤충이 활동하는 개화기의 최고 기온이 15℃ 이상인 날이 30% 정도인 곳이 재배에 적지이다.

석류 *Punica granatum*

유럽 동남부에서 히말라야에 걸쳐 자라는 나무로, 중국을 통해 도입된 것으로 본다. 우리나라에 전래된 연대는 분명하지 않으나 오래전부터 원예용 화목(花木)으로 재배됐고, 과실은 약용으로 이용되어 왔다. 석류는 온난한 기후를 좋아하며 내한성이 약해 우리나라에서는 남부 지방에만 분포한다.

포도 *Vitis vinifera*

유럽종(아시아 서남부)으로 지중해-유럽-아프가니스탄-인도-중국을 거쳐 도입됐고, 국내에는 고려 시대 이후 도입됐다. 포도는 당나라에서 도입된 것으로 추정하며,(김영진, 이은웅, 2000) 조선 백자에 포도 그림이 많이 나오는 것으로 보아 이미 널리 재배됐음을 알 수 있다. 홍만선이 쓴 《산림경제(山林經濟)》(1715)에는 여러 포도 품종이 기재되어 있어 이를 확인할 수 있다.

국내에서 기르는 포도 품종은 60% 정도가 캠벨 얼리(Campbell Early)이고, 거봉(巨峰), 타노 레드(Tano Red), 시벨 9110(Seibel 9110) 등의 순이다. 포도나무는 우리나라에서 겨울철에 저온 피해를 가장 많이 입는 과수이다. 나무가 얼어 죽는 동해가 나타나는 온도는 미국종 포도가 영하 20℃, 유럽종 포도가 영하 13~18℃이다.

복숭아 *Prunus persica*

중국 산시성, 간쑤성 원산으로 유럽, 동양으로 전파됐다. 야생종은 오래전에 도입됐고, 육성종은 1906년에 도입됐다. 복숭아는 우리나라에서도 예로부터 재배됐지만 주로 작은 야생종이었고, 약용, 식용, 화목용 등으로 이용됐다. 현재와 같이 개량 품종이 재배되기 시작한 것은 1906년부터이다.

복숭아는 비교적 온난한 기후를 좋아하므로 여름철 저온으로 경제적인 재배 북한계선이 결정된다. 겨울에 기온이 너무 내려가는 북한 일부 지방을 제외하고는 한반도에서 재배할 수 있지만, 적지는 중부와 남부 지방이다.

자두 *Prunus salicina var. typica*

유럽, 아시아, 북아메리카 원산으로 중국을 거쳐 도입됐으며 도입 시기는 모른다. 오늘날 주로 일본계 자두 품종을 재배한다.

제11장

나무와 사람들의 쉼터
마을 숲

시골을 고향으로 둔 사람들은 마을 앞뒤로 나무들이 우뚝 솟아 있는 당산나무와 모정 그리고 윷놀이나 담소를 나누는 어르신들, 일감을 가지고 와서 손을 분주히 놀리는 농부들이 있는 마을 숲을 기억할 것이다. 마을 뒷산과 앞들 사이에 외로운 섬처럼 나무들이 모여 작은 숲을 이루고 있다. 동네 사람들과 희로애락을 함께해 온 수호자이며, 역사의 증언자이자 마음의 고향인 마을 숲으로 답사를 떠나 보자.

산골 마을과 숲

한반도 산지는 지리적인 위도와 산의 높이인 해발 고도에 따라 낮은 곳으로부터 구릉대(상록활엽수대, 낙엽활엽수대), 산록대(낙엽활엽수대, 낙엽활엽수와 상록침엽수의 혼합대), 아고산대(침엽수대), 고산대(관목대, 초본대, 지의식물대, 만년설) 등으로 나뉜다. 남쪽 높은 산에서 고도가 높아짐에 따라 수직적으로 경관이 달라진다.

일반적으로 마을이 자리하는 곳은 사람이 살기에 가장 적합한 자연 조건을 갖춘 곳이다. 의식주에 필요한 자원을 주변에서 구할 수 있고 생산과 소비 활동에 알맞으며 자연재해로부터 안전한 공간을 마을로 선택했다.

토지와 함께 물은 인간 생존에 가장 중요한 자원이다. 마을은 넓은 들과 하천이 있는 곳에 입지한다. 산자락의 사람이 사는 마을 주변에는 논과 밭이 있고, 거기서 작물을 재배하는데 물은 필수적인 조건이다. 마을 어귀의 논은 쌀을 생산하는 필수 공간이며, 물이 흐르는 하천은 생존에 가장 기초적인 자원이다.

전형적인 산골 마을은 큰 산을 등진 채 산자락으로 둘러싸이고 앞쪽으로는 냇물이 흐르는 남향받이의 오목한 곳에 자리한다. 배산임수(背山臨水)는 풍수를 반영한 것으로, 산을 등지고 개울을 끼고 있는 한국의 전통적인 취락 입지를 나타낸 말이다. 그 등진 산(背山)이 주산(主山)이다. 산이 있으면 물이 그림자처럼 따르는 산수의 짝 관계가 한국 자연 지형에 흔하게 나타나며, 산수, 산천, 강산, 산하 등의 일반 명사처럼 산과 물은 한 몸으로 조합될 수 있었다.

풍수에서는 산수(山水)를 음양(陰陽)으로도 곧잘 비유했다. 풍수는 흔히 좋은 묏자리(陰宅)를 보는 미신으로 치부되지만 사람이 사는 땅인 양택(陽宅)을 지속 가능한 방식으로 관리하는 과학적인 사고 체계라고 볼 수도 있다.

예로부터 마을 뒤쪽에 심는 나무는 지방에 따라 달랐다. 북부에서는 배나무, 중부에서는 오얏나무, 남부에서는 대나무를 심었다. 특히 남부 마을의 대숲(죽림)은 계절마다 사람들에게 요긴한 자원이었다.

대밭을 벗어나면 음식 재료가 되는 작물이나 시장에 내다 팔 수 있는 작물을 재배하는 밭이 있다. 산 쪽으로 올라가면 밭으로 이용하기 쉽지 않은 경사진 곳에 과수원이 나타나며 주변 야산에는 묘지가 조성됐다. 구릉지대는 식생이 빈약해 비가 많이 내리면 많은 토사가 흘러내린다.

마을에 가까운 산자락에는 원래 가시나무, 개가시나무, 참가시나무 등이 자연 식생을 이루었다. 그러나 지금은 과수원이나 목장 등으로 개발됐고, 소나무, 상수리나무, 졸참나무 등이 자란다. 이들은 자연 식생이 간섭을 많이 받은 곳에 흔히 나타나는 2차림이다. 또한 아까시나무(일반적으로 아카시아나무로 부르는 나무는 원래 아프리카와 오스트레일리아의 건조지에 자라는 다른 콩과식물이고, 우리나라에 자라는 것은 아까시나무다)와 같은 귀화식물이 토박이인 자생종을 몰아내고 세력을 넓혀 가면서 생태적인 문제를 일으키기도 한다.

오래전부터 일본 학자들은 마을 뒷산에 나타나 사람들과 밀접한 관계를 맺어온 숲을 '사토야마(里山)'라는 용어로 국제 사회에 알려왔다. 이에 해외 학자들도 마을 주변의 숲을 이를 때 자연스럽게 사토야마라는 용어를 사용하고 있다. 뒤늦게 우리 학자들이 마을 숲(village forest)이라는 용어와 개념으로 설명하려 했으나 때는 이미 늦었다. 우리 자연과 문화에 관심을 가지고 있지 않을 때 치르는 값으로는 비싼 셈이다.

마을 숲

마을 숲 또는 임수(林藪)는 여러 목적으로 마을 주변에 만들어 가꾸어 온 숲이다. 마을을 지켜주는 숲, 마을 울타리가 되는 숲이며, 가장 오랜 전통을 지닌 인공림이 바로 마을 숲이다. 토착 신앙, 풍수, 유교 등 전통문화가 녹아 있고, 우리 삶에서 고향이라고 하면 제일 먼저 떠오르는 경관이다. 오늘날에는 산림 문화 보전과 지역 주민의 생활 환경 개선 등을 위해 마을 주변에 조성, 관리하는 산림과 수목을 마을 숲이라고 한다.

마을 숲은 -수/쑤, 숲쟁이/숲정이, 숲마당, 서낭숲/성황숲/당숲, 수구막이 등으로도 부른다. 임수에서 임(林)은 수풀, 숲, 많음, 들, 모임 등의 뜻을 가지며 나무가 늘어선 모양에서 비롯됐다. 수(藪)는 수풀, 늪으로, 물고기, 새와 작음 짐승 등이 많이 모이며, 초목이 우거진 습지 등을 뜻하며 수가 많음을 나타낸다. 임수는 많은 나무가 무성한 숲으로, 다른 숲과는 달리 특별하게 취급된 숲이다.(장동수, 2004, 생명의숲국민운동본부, 2007, 숲과문화연구회, 2016)

마을 사람들의 관심 속에 잘 관리된 마을 숲은 개인과 공공 이익이 서로 충돌할 때 개인의 이익만을 쫓아 모두가 파국에 이른다는, 미국 생태 철학자 가레트 하딘(Garrett Hardin)이 주장한 〈공유지의 비극(The tragedy of the commons)〉(1968)의 피해가 적은 공간이다. 마을 숲은 마을 공동체가 관리하는 경우가 많아 소유권 구분 없이 자원을 공유할 때 사회적인 부작용과 비효율적인 부담을 줄일 수 있다.

마을 숲은 잠재 자연 식생에 따라 자연형, 준자연형, 반자연형, 인공형 등 4가지 유형으로 나눌 수 있다. 대부분의 마을 숲은 자연형과 준자연형이다. 마을 숲에 우점하는 수종은 지역 고유 수종으로, 내륙 지방에서는 느티나무를 중심으로 팽나무, 소나무, 왕버들, 개서어나무, 산뽕나무, 말채나무, 참나무류 등이 주종을 이룬다. 해안 지방에서는 곰솔이 주된 수종이고 방조림(防潮林, protection forest against the tide)은 소사나무, 모감주나무 등 염해(鹽害, sea salt damage)에 내성을 가진 한 가지 수종으로 조성된 곳들이 많고, 주로 인위적으로 조성됐다. 어부림(魚付林)은 물고기가 서식하기 좋은 환경을 만들 목적으로 물가에 나무를 심어 가꾼 숲이다. 경남 남해 물건리 등 남부 지방에서는 팽나무를 중심으로 후박나무, 생달나무, 구실잣밤나무, 멀구

마을 숲, 전북 남원 왈길마을

슬나무 등 상록성 교목이 많다.(김종원, 강판권, 2007)

옛사람들은 상록수를 주변에 심는 것을 꺼렸다. 17세기 말에서 18세기 초에 홍만선이 쓴《산림경제》에는 '겨울에 홀로 푸른 상록수를 꺼린다(忌獨樹冬靑)'라는 글귀가 있다. 이는 계절의 변화를 느끼지 못하는 아쉬움과 함께 유별나지 않고 평범하게 살라는 뜻도 있는 것으로 보인다. 그러나 소나무와 같이 늘푸른나무를 들어 변치 않는 인간의 됨됨이를 표현한 내용이 있는 것으로 보아 자연을 보는 눈도 다양함을 알 수 있다.

현재 마을 숲은 전국에 400여 개소가 있는데, 경상도에 129개소로 가장 많이 있고, 조사되지 않은 것을 포함하면 전국에 1천여 개가 남아 있을 것으로 추측된다. 지역별로는 강원, 경북의 영동 해안과 경북 북부 지역, 전남 남해안 지역, 소백산맥 지리산 주변 지역, 충청도 서북 지역 등에 집중적으로 분포한다. 또한 그 가치가 높아서 문화재로 지정된 마을 숲에는 104개소가 있다.

마을 숲의 주요 수종은 소나무(27.1%), 팽나무(21.5%), 느티나무(15.9%), 곰솔(15.0%) 등 오래 사는 4종이 전체의 79.5%를 차지한다. 한편 일반 마을에 흔한 나무는 느티나무, 소나무, 팽나무, 왕버들, 개서어나무 등이다. 마을 숲에 자라는 나무들은 그 자리에 오래전부터 자리하면서 역사를 지켜본 낙엽활엽수로 이루어진 노거수들이 많으며, 지역에 따라 수종은 다르다.(정계준, 2017)

비보 숲과 수구막이 숲

마을 숲 가운데 '마을을 보호하는 숲'이란 뜻의 비보림(裨補林)은 풍수지리설에 따라 마을의 안녕을 위해 조성된 숲이다. 마을 앞에는 넓은 논이 있고 마을과 논 사이에 자리한 마을 숲이나 성황림(城隍林)이 풍수지리에서 말하는 '액'을 막아 주는 비보림 역할을 한다. 대표적으로 여름 호우나 태풍이 불 때 하천의 범람으로 인한 풍수해 재난을 예방하고 마을을 보호하는 역할을 한다. 즉 비보림은 마을을 포근하게 감싸 안고 외부로부터 차단하는 수구막이 숲의 기능을 하는 것이다.

비보(裨補)는 자연과 조화롭게 지리적 조건을 보완하는 방식으로, 이상적인 환경을 이루려는 독특한 지리 사상 및 문화 전통이다. 풍수 사상이 상서로운 자연의 영향 아래 있을 수 있는 장소를 선택하고 찾는 방법을 가르치는데 비해 비보 사상에서는 사람이 능동적으로 자연과 조화된 적합한 삶의 터전을 가꾸려고 했다. 즉 산에 나무를 심어 산 기운을 북돋우거나, 개발에 의해 잘린 산의 지맥(地脈)을 잇는 생태 통로(生態通路, ecological corridor)를 만들어 주는 것이 비보이다.(최원석, 2000, 2004, 2014, 2018)

비보 숲은 고려 때는 수도인 송악 주변의 산에만 조성됐으나, 조선 시대에는 지방의 큰 읍으로 퍼졌고, 조선 중기 이후에는 촌락 개척과 함께 읍 주변 마을로 퍼져 나갔다. 비보 숲은 임진왜란과 사회가 혼란할 때 벌목되거나 경작지로 개간되는 등 베어지거나 규모가 줄었다가 이후에 다시 복구됐다. 조선 시대 고을의 비보 숲은 관청에서 관리했으며, 전국에는

비보 숲을 포함해 201개의 임수가 있었다.(생명의숲국민운동본부, 2007)

비보 숲은 식물 유전자의 창고로서, 마을 주변 자연 식생을 유지하고 보전하는 데도 기여했다. 비보 숲 자체는 인공적으로 조성된 식생이지만 당시 비보 숲을 조성하기 위한 침엽수나 활엽수를 마을 주변 산과 들에서 구해 심었기 때문에 자연 식생의 원형을 반영한다.

마을 숲의 한 형태인 수구막이 숲은 우리 조상이 땅의 짜임새를 이용해 홍수와 바람을 다스리려고 만든 숲이다. 여름에 태풍과 강풍을 막고, 겨울에 차가운 북서계절풍을 막아 주는 방풍림(防風林)과 폭우나 태풍과 함께 비가 일시에 많이 올 때 물의 범람을 막아 주는 수구막이 숲은 마을을 지켜 주는 방패와 같았다.

풍수 이론에서 수구(水口)란 단지 물이 흘러 나가는 곳이 아니라 번영, 다산, 풍요 등의 기운이 빠져 나가는 곳이다. 수구막이 숲은 마을을 안온하고 정서적으로 편하게 만들고, 밖으로부터의 시선을 차단하는 실질적인 효과도 갖고 있다. 마을 주변에는 수구막이와 함께 연못 또는 둠벙을 만들어 이런 상서로운 기운이 마을에 머물도록 했다. 산자락이 마을을 에워싼 모습이 풍수지리상 물 위에 연꽃이 피어 있는 '연화부수형(蓮花浮水形)' 형국을 만들고자 트인 곳을 마을 숲으로 막기도 한다.

수구막이는 외부로부터 바람을 막아 주거 지역 내의 미기후를 개선한다. 수구막이 숲은 만들기 쉽고 시간이 지남에 따라 나무들이 자라 수구막이 효과가 커진다.(장동수, 2009) 수구막이의 생태학적 의미는 과학적으로도 입증됐다. 마을 숲 안팎의 풍향, 풍속, 온도 차이를 정밀 측정한 결과 수구막이 숲은 바람을 누그러뜨리고 비가 오지 않아 건조한 갈수기(渴水期, dry season)인 봄 가뭄에는 안쪽 논의 수분 증발을 억제하는 기능을 한다. 여름에는 더운 바람을 막아 숲 안쪽이 훨씬 시원하고, 겨울에는 훨씬 포근하다. 즉 수구막이 숲은 숲 안쪽 마을의 온도 변화와 풍속을 누그러뜨린다.(박재철, 2006, 이도원 등, 2007)

비보 숲이나 수구막이 숲 등 마을 숲은 마을 주변 산자락을 잇는 생태 통로 구실을 하고, 연못은 지하수위를 높여 준다. 터진 마을 앞을 수구막이로 막는 공간 구조로 바꾸어 주면 영양물질이 내부 순환을 통해 최대한 이용되는 물질 순환이 일어난다. 자연히 이런 곳에는 생물 다양성도 풍부하다. 인공적으로 만든 연못은 영양분과 생활 하수의 유출을 막아 주는 생태적 여과(生態的 濾過, ecological filter)이며, 마을 주변에 심은 상수리 숲은 도토리를 생산해 굶주림을 면하게 하는 구황작물 구실을 한다.

예를 들어 경북 예천군 금당실마을 수구막이 숲은 마을로 불어오는 바람을 막아 주며, 마을 주변 경작지에 유기물을 공급하고, 해로운 동물을 잡아먹는 새나 포식자 동물에게 생활 터전을 마련해 주는 등 생태적으로 중요한 기능을 한다.

마을 숲 가장 높은 나무 꼭대기에는 까치가 둥지를 틀고 산다. 까치는 본디 자기 활동 영역에 대한 욕심이 많아 다른 동물이 자신의 영토 안으로 들어오는 것을 달갑게 여기지 않는다. 따라서 한적한 오솔길을 따라 마을로 접근하는 사람이 나타나면 접근하지 말라는 표시로 깍깍거리며 경고음을 냈다. 까치가 소리를 낼 때마다 멀리 시집간 딸, 손님, 방물장수 등 사람들이 찾아왔기에 마을 사람들은 까치 소리가 들리면 반가운 소식이 있다는 것을 경험을 통해 알고서 까치를 길조(吉鳥)로 여기게 됐다.

뿐만 아니라 마을 숲 주변에서는 농촌에 서식하는 여러 야생 동물도 볼 수 있다. 봄에는 논에서 활동하는 올챙이, 애반딧불이 유충, 땅강아지 등

수구막이 숲, 경북 예천 금당실마을

을 먹이로 하는 수서 생물들이 근처에 서식한다. 마을 숲과 하천, 논에는 백로류, 흰뺨검둥오리, 소쩍새, 호반새, 찌르레기, 제비, 귀제비, 후투티, 노랑할미새, 딱새, 때까치, 노랑턱멧새, 붉은배새매, 원앙, 딱다구리류 등의 조류와 고라니 등 포유류를 볼 수 있다.(박찬열, 2008)

따라서 수구막이 숲은 마을을 자연재해로부터 보호해 주고, 문화 활동과 휴식을 하는 공간이며, 동식물이 공생하는 비오톱(biotope) 또는 작은 서식지이다. 마을과 주변 들판을 가로지르며 서로 다른 생태계를 이어 주고, 미기상을 조절하며, 동식물 소서식지로 생물 다양성을 높여 주고, 마을 안과 밖을 분리해 주는 가림막 또는 안전한 차단벽 구실까지 한다.

이러한 마을 숲을 활용해 마을의 자연 생태계를 풍족하게 하고 전통 문화를 이어 가면서 외부로부터 방문자를 끌어모아 안식하는 쉼터를 제공하고, 향토의 자연과 문화를 배우는 터전으로 활용하는 노력이 필요하다. 마을 사람들과 함께 호흡하면서 역사를 함께한 마을 숲을 지역 전통 유산이자 생태 자산으로 어떻게 가꾸고 활용할지는 우리에게 남겨진 숙제다.

마을에 살아남은 외로운 나무들의 섬

전통적인 마을은 풍수를 반영한 입지를 선택한 경우가 많다. 풍수에서 말하는 명당(明堂)이란 뒤에 찬바람을 막아 줄 큰 산이 있고, 앞은 탁 틔어 햇볕이 잘 들며, 좌우 양쪽에는 낮은 산자락이 비바람을 막아 주고, 포근하게 둘러싸인 안쪽을 냇물이 휘감아 흐르는 곳이다. 혈(穴)의 네 방향에 있는 사를 뜻하는, 이른바 청룡, 백호, 현무, 주작의 사신사(四神砂)를 갖춘 배산임수 지형을 가리킨다.

정치 사회적 혼란기, 옛것은 시대에 뒤떨어졌다는 편견에서 온 전통을 배척하던 시기, 새마을운동과 같은 사회 변혁을 거치면서도 용케도 살아남은 것이 마을 주변에 발달한 마을 숲이다. 앞에서 이야기했듯 원생의 자연 숲과는 달리 인공적으로 만든 마을 숲은 처음부터 어떤 목적이나 의미적 배경을 갖는 숲이자 한국 문화와 깊게 관련된 역사적 산물이다.

마을 숲은 대체로 992m^2(300평)에서 3,306m^2(1만 평)에 이르며 소나무와 느티나무가 주종을 이룬다. 소나무 숲은 풍수적 배경이나 유교적 배경을 갖는 경우가 많고, 느티나무 숲은 토착 신앙적 배경을 갖는 사례가 많다. 이들 마을 숲은 한국인의 농경과 정착 생활을 기반으로 형성됐다.(김종원, 강판권, 2007)

마을 숲은 역사, 문화적으로 고대 원시 사회의 토착 신앙, 고려 이후의 풍수, 조선의 유교 등이 배경이 된다. 이용적, 기능적으로는 국가적 목적으로 벌목을 금지한 산인 봉산(封山), 농리 목적의 수자원 관리를 위한 지침인 저수지 제방 숲과 호안의 숲 등 천택(川澤), 주요 도로변이나 진(津) 주변에 조성된 이정표의 일종으로 일정한 거리를 두고 설치된 후자(堠子) 등으로 구성된다.

마을 숲의 경관 유형은 숲의 위치에 따라 동구에 위치한 동구 숲, 호안에 발달하는 하천 숲, 산 위에 나타나는 동산 숲, 들과 관련된 마을 주변의 숲, 해안을 따라 나타나는 해안 숲 등으로 구분됐다.

동구 숲 골맥이 숲, 수구막이 숲, 수대 등과 같이 풍수적으로 허한 빈 공간을 메우는 기능을 하는 경관 유형

동산 숲 마을 주변 가까운 동산에 조성된 숲. 높은 지역에 입지하기 때문에 숲 내에 산신 제당이 있는 경우가 많고 다른 유형의 숲보다 멀리에서도 볼 수 있다.

하천 숲 주로 하천 주변 제방 위에 조성된 숲. 수해 방지의 목적을 갖으며 물과 숲이 어우러져 휴양지나 관광지의 중심이 된다. 서울 청계천변 인공림, 전남 담양 관방제림과 경남 함양 상림, 밀양 긴늪숲, 울산 태화강 죽림, 경북 경주 유림이 대표적인 하천 숲이다.(장동수, 2008)

마을 주변 숲 숲 주변의 산, 들, 물과 같은 자연 경관과 특별한 관련 없이 자연 곡선적으로 들을 가로지르거나 마을을 둘러친 울타리처럼 보이는 숲. 주로 비보적 배경을 갖는다.

느티나무 마을 숲, 충남 서산 해미향교

해안 숲 마을 앞 해안을 따라 길게 선형으로 조성된 숲으로 방풍 목적을 주로 갖는다.

풍수적 관점에서 트인 곳이 없이 둘러싸인 경관을 길지로 보았기 때문에 트인 곳을 막아 주어야 했는데, 이때 숲을 조성하는 것이 가장 손쉬운 방법이었다.(김학범, 장동수, 1994)

마을 숲은 방수(防水), 방풍(防風), 방조(防潮), 방화(防火) 등 재해 방지 기능과 함께 성곽, 고개, 해안 등을 방어하는 군사적 기능도 했으며, 저수지 제방 숲, 보 제방 숲 등 농업적 기능도 있다. 또한 거리와 위치에 관한 교통적 정보와 휴식을 제공하고자 국가에서 설치한 일종의 이정표이며, 가로 공원의 역할도 했고, 재목을 생산하는 송림과 나라가 필요로 하는 특산물 등 임산 자원을 조달하기 위한 관전(官田) 등 생산 기능을 했으며, 백성이 쉬고 즐기며 행사를 하는 놀이 공간이었다.(장동수, 2009)

조선 정조가 1796년 수원 화성에 조성한 마을 숲을 보면 당시 어떤 나무를 어디에 심었는지 알 수 있다. 팔달산 일대에는 소나무, 상수리나무, 단풍나무 등을 주로 심었고, 연못, 물가, 길가에는 버드나무를 심었고, 팔달산 기슭과 행궁 안팎에는 과실나무, 관상수, 화초를 심었다. 성내 민가에는 과실나무, 뽕나무, 탱자나무 등을 심었고, 농경지 주변과 산언덕에는 농작물과 약용 식물을 어울리게 심었다.

마을 숲은 예전에는 마을 사람들이 모여 쉬고 생활하는 터전이었지만 지금은 생명력을 잃은 화석과 같은 문화재 비슷한 공간이 됐다. 거의 모든 마을에 있던 마을 숲은 급격한 도시화, 토지 사유화, 관리 부재, 지나친 이용 등으로 사라지거나 쇠퇴했다. 특히 근대화, 서구화, 산업화, 도시화와 함께 개발 독재 시대를 거치면서 전통적인 문화와 자연 유산을 지역 발전의 장애 요소로 보고 없애는 일이 많았다. 그러나 마을 숲은 마을의 역사, 문화, 신앙 등이 녹아 있는 곳으로, 비보 기능(풍수지리, 보호), 종교 기능(당산 숲, 성황 숲), 문화 기능, 방재 기능을 하는 환경과 문화를 보전하는 가치를 가진다. 또한 윷놀이, 그네뛰기, 널뛰기, 피서 등 쉼터로서의 가치, 경로잔치, 회의, 공연, 물건 판매 등 화합 장소로서의 가치를 갖는다. 전통적으로 삼매기, 종이 만들기, 농산물을 건조하고 가공하는 일터로서의 가치도 갖는다. 마을 숲은 자연 생태적 기능, 전통 생태학적 경험, 지혜와 지식이 살아 숨 쉬는 공간으로 복합적인 기능을 하는 생활 숲이다.

당산목과 노거수, 보호수

마을 주변에 큰 나무로 이루어진 당산목(堂山木)은 마을의 입구, 중앙, 위쪽, 산정, 들판 등에 위치하는 정령과 영혼이 깃든 신수(神樹) 또는 신목(神木)으로 여겨졌다. 당산나무는 마을의 수호신인 동시에 신이 강림하는 장소였다. 정서적, 신앙적, 문화적으로 주민과 역사를 함께했으므로 마을을 지키는 수호신으로 오래전부터 보호됐다. 당산나무는 마을에서 가장 크고 오래된 나무로, 느티나무나 소나무가 주를 이루었다.(이용한, 2002) 일부 지방에서는 팽나무, 은행나무를 당산나무로 삼았다.

당산 숲은 수호신이 거처한다고 믿는 숲으로, 나무 외에도 돌탑, 돌단, 솟대, 장승, 신장대 등의 종교 시설이나 제단도 설치되어 있다. 당산 숲에 가장 대표적인 나무는 느티나무로, 우리나라 마을의 80%가 선택한 나무이다.(장동수, 2009)

노거수(老巨樹, old-growth and giant tree)는 나이가 오래되고 큰 나무(수종과 생육 조건을 고려해 지상 1.3m 높이 가슴높이에서 둘레가 200cm 이상인 나무를 기준으로 한다. 진달래와 같은 관목류, 칡과 같은 만목류는 둘레 70cm 이상, 고산침엽수인 구상나무, 분비나무, 가문비나무 등은 둘레가 100cm 이상이면 큰 나무로 보기도 한다. 조현재, 이창배, 2010, 조현제 등, 2019)로, 마을 공동체의 문화적 유산인 마을 나무이다. 지역의 잠재 자연 식생(潛在自然植生, potential natural vegetation)을 알 수 있게 하고 인간과 사람과의 관계를 살피는 민속 식물학 정보를 알려준다.(장은재, 김종원, 2007)

마을 숲 나무는 단순히 생물학적인 존재를 넘어서 시간이 지남에 따라 사라진 그 지역의 원래 식생을 복원하고 공간적으로 한 지역에서 오랫동안 사람들과 어울려 살아남은 마을의 지킴이며 수호신으로 문화 역사적인 가치가 있다.

따라서 우리나라에서는 명목(名木), 보목(寶木), 당산목(堂山木), 정자목(亭子木), 호안목(護岸木), 기형목(畸形木), 풍치목(風致木) 등을 보호수로 지정해 보존하고 있다. 보호수는 번식이나 풍치 보존 및 학술 참고를 위해 보호하는 노목(老木), 거목(巨木), 희귀목(稀貴木) 가운데 보존 및 증식의 가치가 있는 나무이다. 보호수는 지역적으로는 큰 산이 있고 전통문화를 유지해 온 전남과 경북을 중심으로 많이 보존되어 있고, 수종별로는 수명이 길고 문화 생태적으로 사람과 가까운 느티나무(7,216그루)와 소나무(1,634그루)가 주종을 이룬다.

\<표\> 보호수 종류

보호수	내용
명목	성현, 위인, 왕족이 심은 것이나 역사적인 고사나 전설이 있는 이름난 나무
보목	역사적인 고사나 전설이 있는 보배로운 나무
당산목	산기슭, 산정, 마을 입구, 마을 부근 등에 있는 나무로 성황림(城隍林), 당사목(堂祀木)이라 부르며, 제를 지내는 산신당(山神堂), 산주당(山主堂), 성황당에 있는 나무
정자목	향교, 서당, 서원, 활터, 별장, 정자에 피서목이나 풍치목으로 심은 나무
호안목	전남 담양 관방제림이나 경남 함양 상림처럼 해안, 강가, 제방을 보호하기 위한 나무
기형목	특이한 모양으로 관상 가치가 있는 나무
풍치목	풍치, 방풍, 방호, 명승과 경관 유지에 필요한 나무

2016년 기준 우리나라 보호수는 모두 1만 3,081그루다. 지역별 보호수

숫자는 전남 4,051그루, 경북 2,103그루, 충남 1,800그루, 충북 1,219그루, 경기 1,078그루, 경남 909그루, 강원 713그루, 전북 637그루, 대구 306그루, 부산 224그루, 서울 216그루, 제주 162그루, 대전 125그루, 인천 113그루, 광주 77그루, 세종 70그루, 울산 64그루 등이다.(산림청, 2016b)

한편 식물 천연기념물도 지역의 원래 식생을 알아 볼 수 있는 지표이다. 노거수, 희귀 식물, 유용식물, 난대 식물 자생북한대, 학술림, 바닷가에 조성되어 해안 강풍을 막고 물고기가 살 수 있는 환경을 만들어 주는 어부림(魚付林), 주로 해안가 강풍을 막아주는 방풍림, 호안림 등이 천연기념물로 지정됐다.(문화재관리국, 1998) 따라서 여러 목적으로 지정된 보호수와 천연기념물은 마을 주변의 나무와 식생을 보전하는 데 긍정적인 역할을 했다.

마을 숲과 원림(園林)에서 고을에 어떤 숲이 있었는지 원식생을 찾을 수 있다. 그러나 마을 숲이나 원림이 사라지면 자연 식생과 함께 오랜 역사를 같이 한 문화경관도 잃게 되므로, 마을 숲과 원림 등 문화유산을 보전하는 것은 자연 생태적으로도, 문화적으로도 큰 의미를 지닌다.

정원수

자연에 될 수 있는 대로 손을 덜 대고 일체감을 찾으려는 경관 및 자연관은 우리나라의 전통적인 원림(園林) 혹은 정원에 나타나 있다. 한국의 전통 정원에는 유교 사상, 성리학적 요소, 도가 사상, 신선 사상, 풍수 사상이 복합적으로 반영되어 있다. 전남 담양 소쇄원, 면앙정, 식영정, 송강정, 독수정, 명옥헌과 경북 영주 소수서원이 대표적인 원림과 정자다.

고려 시대에는 송나라와 원나라의 흐름을 좇아 나무의 상징성이 강조되면서, 조경용으로 대나무, 복숭아나무, 버드나무, 소나무, 자두나무, 배나무, 측백나무, 단풍나무, 오동나무, 벽오동, 뽕나무, 앵두나무 등을 널리 심었다.(이선, 2006)

조선 시대에는 자연과 조화를 이루는 것을 전통적인 정원 만들기의 기본으로 삼았다. 선비들은 소나무, 대나무, 매화, 난, 국화, 연 등을 좋아했다. 느티나무, 회화나무, 벽오동나무, 단풍나무, 참나무, 복숭아나무, 주목, 배롱나무, 동백나무, 버드나무 등으로 원림(苑林)을 조성했다. 감, 대추, 모과, 앵두, 살구, 밤, 배, 산수유, 호두, 포도 등은 민가에 많이 심었다. 전통적인 정원 가운데 종교적인 목적을 가진 것은 경주 계림, 사직단과 종묘, 선농단과 선잠단, 강원도 원성군 신림면과 충남 보령군 외연도의 성황림 등의 신림, 민가의 원과 궁원, 서원과 별서 조경, 사찰 조경, 누각의 누원(樓苑), 묘림(墓林) 등이 있다.(정재훈, 1990)

조선 시대에는 왕실에서도 장소에 따라 나무를 선택해 심었다. 궁궐 정문에는 회화나무를, 물가에는 버드나무, 느티나무 등을, 왕실 생활 공간에는 모란, 앵두나무, 매화, 원추리, 옥잠화 등을, 양잠을 위해서 뽕나무를, 과실을 얻고자 밤나무 등을, 경관용으로 주목, 이대, 영산홍 등을, 약용으로 엄나무, 황벽나무 심었다. 왕릉 주변에는 소나무를 많이 심었다.(이선, 2006)

조선 시대에는 조경용 나무로 경관을 이루는 중요한 요소이자 인간에게 계절 변화를 알려 주는 낙엽활엽수를 선호했다. 구부러진 수형(樹形) 또는 생김새로 타원형 가지 형태 또는 수관(樹冠)을 가지며, 꽃 색깔은 흰색과 노란색을 좋아했다. 조경수로 널리 쓰인 식물은 소나무, 매화, 대나무, 모란, 벚나무, 느티나무, 복숭아나무, 살구나무, 자두나무 등과 과실나무로는 배나무, 감나무, 앵두나무, 석류나무, 귤나무 등이 있다. 한편 선비들은 절

소쇄원, 전남 담양

개와 지조를 상징하는 매화, 난초, 국화, 대나무, 소나무 등을 더 아끼고 귀하게 여겼다.

한편 전통 조경에서는 풍수, 음양오행, 유가 사상, 민간 신앙 등의 사상과 식물의 생태적 특징, 건축물과 조경물의 입지 환경 등을 고려해 집 안팎에 심기에 마땅한 것과 식재를 꺼리는 수종을 구분했다.

고려 시대에는 문 앞이나 주위에 유실수인 복숭아나무, 자두나무를 심거나, 그늘을 만들고 볼거리를 만드는 버드나무, 목련, 단풍나무 등을 심었다. 대문 주변에는 꽃이나 단풍을 감상할 수 있는 복숭아나무, 자두나무, 목련, 단풍나무 등을 심었고, 담 주위에는 버드나무, 소나무, 대나무, 밤나무 등이나 생울타리용 관목을 심었다. 울타리로는 대추나무, 무궁화를 심고, 정원에는 생활용품을 만들 수 있는 버드나무, 대나무, 소나무 등과 열매나 잎이 가치 있는 배나무, 뽕나무, 가래나무, 잣나무, 매화, 자두나무 등을 심었다. 정원 앞에는 잣나무, 전나무, 대나무, 소나무, 석류나무 등을 심었다. 특히 소나무는 정원 안, 후원 등 어디든 가리지 않았다.

조선 시대에는 집 주변에 심는 나무와 꺼리는 나무를 구분했다. 음양오행과 자연환경 그리고 실용적인 목적에 따라 심는 나무와 피하는 나무가 달랐다. 일반 가옥의 문 앞에는 높은 학식을 뜻하는 회화나무나 다산을 의미하는 대추나무는 심었으나, 연약하다는 평가를 받는 버드나무나 모양이 같은 나무를 여러 그루 심지 않았다. 정원 안에는 원예용으로 화초류를 심었으나, 햇빛을 가리는 큰 나무(巨樹)는 심지 않았다. 정원 앞에는 관상용 나무인 석류나무, 서향화는 심었지만 잎이 큰 오동나무, 파초 등은 되도록 피했다. 울타리 옆에는 꽃이 아름다운 국화, 홍벽도는 심었지만, 죽음을 연상하는 참죽나무, 향이 강한 산초나무, 일이 잘 풀리라는 뜻에서 꼬여 자라는 식물인 줄사철나무 등은 심지 않았다. 우물 옆에는 솜털이 날려 알레르기를 일으키고 과일의 생김새 때문에 복숭아나무는 심지 않았다. 집 주위에는 소나무, 대나무로 숲을 만들었다.

방위에 따라서는 동쪽에 복숭아나무, 버드나무, 벽오동, 홍벽도, 자두나무 등은 심었으나, 살구나무 등은 심지 않았다. 서쪽에는 산뽕나무, 느릅나무, 대추나무, 치자나무 등은 심었지만, 버드나무, 자두나무, 복숭아나무는 피했다. 북서쪽에는 대나무, 오동나무 세 그루, 큰 나무를 심었다. 남쪽에는 복숭아나무, 매화, 대추나무 등은 식재했으나, 자두나무는 심지 않았다. 남동쪽에는 살구나무를, 남서쪽에는 큰 나무를 심지 않았다. 북쪽에는 느릅나무, 벚나무, 개암나무, 진달래, 살구나무 등을 심었고, 자두나무, 동백나무, 영산홍, 왜철쭉, 치자나무, 석류화, 월계 등은 심지 않았다. 북동쪽에는 대나무를 심었지만 큰 나무는 심지 않았다.(이선, 2006)

조선 시대에 장소와 방위에 따라 식재하는 수종이 달라지고 선호하거나 기피하는 종을 선택한 것은 식물이 갖는 상징성, 경관성, 입지 환경, 생리 생태 등이 종합적으로 반영된 것으로, 지역 풍토와 그동안 사람들이 쌓아온 전통 지식에 의한 것으로 본다.

제12장

우리 곁에 함께 사는 나무들

산과 들, 동네에서 보는 나무를 잘 모르는 사람들도 소나무, 대나무 정도는 익숙하고 만만하게 본다. 예로부터 사람들이 이 나무를 좋아한 이유는 뭘까? 요즘 커피가 선풍적인 인기를 끌고 있지만, 커피가 어디서 자라는지 아는 것이 별로 없고 왜 굳이 알아야 하는지 모르겠다는 사람도 많다. 또 녹차, 홍차, 우롱차는 어떻게 다르고, 어디에서 재배하는지도 잘 모른다. 이제부터 우리와 가까이 지내는 나무들에 대해 보다 자세히 알아보자.

소나무 이야기

곁에 있지만 잘 모르는 소나무

산에는 화려한 꽃을 피우며 우리의 눈길을 끄는 식물들이 여러 종류 있다. 그 가운데 언제나 있는 듯 없는 듯 산을 지켜 온 식물이 소나무이다. 산림청 설문 조사에 따르면 국민 절반 이상이 가장 좋아하는 나무로 여러 차례 소나무가 선정됐다. 우리 민족은 왜 소나무를 좋아할까? 왜 우리 산에는 왜 소나무가 많을까? 우리 후손들도 소나무를 볼 수 있을까? 이는 사람들이 궁금해하는 질문이다.

소나무를 어떤 나무로 생각하는지는 사람마다 크게 다르다. 애국가에도 나오는 소나무를 나라의 대표 나무인 국목(國木)으로 지정하려는 국회의원 결의안이 추진된 적도 있다. 반면 소나무 등 침엽수 위주의 조림이 생물 다양성을 저해하고 큰 산불을 일으키므로 조림 수종으로 적합하지 않다는 주장도 있다. 소나무에 치명적인 소나무재선충병 때문에 소나무가 사라질 수 있다는 위기론도 나왔다. 지구 온난화에 따라 한반도에서 소나무 숲이 사라질 수 있다는 비관론까지 있다.

소나무는 우리 국토, 생태계, 환경, 문화를 이해하는 데 출발점이 되는 나무이며, 우리 풍토에 가장 오랫동안 효과적으로 적응한 나무이다. 80년 전쯤에는 소나무가 우리나라 전체 산림 면적의 75%에 이르렀으나 지금은 약 23% 정도를 차지한다. 그러나 아직도 침엽수림의 40%, 혼합림의 27% 정도를 이루는 우리 숲의 핵심적인 수종이다.

정이품송, 충북 보은 속리산

석송령, 경북 예천

우리 소나무는 자라는 곳에 따라 나무 생김새가 다르다. 구불구불한 모습으로 뒤틀려 자라 한국화에 예술적으로 그려진 소나무가 사실적인지, 낙락장송(落落長松)이라 불리는 곧게 우뚝 자란 소나무가 정상인지, 한마디로 말하기 어렵다.

동네 뒷산 소나무는 키가 작고 줄기도 구불구불해 하나같이 쓸모가 없어 보인다. 오랜 세월 마을 주변에 자라던 소나무 가운데 쓸모 있는 소나무는 이미 집을 짓거나 관을 만들려고 베어 없앴기 때문이다. 잘생긴 소나무는 모두가 욕심을 내서 잘라 버려 쓸모가 적은 소나무들만 남겨졌고, 그런 소나무끼리 꽃가루받이를 하여 후손을 남겼으니 번듯한 소나무를 쉽게 볼 수 없는 것이다. 그러나 못생긴 나무가 남아서 산을 지킨다고 하지 않는가. 이런 소나무조차 없었으면 마을 사람들의 삶이 얼마나 고달팠을지는 짐작이 간다.

너른 뜰에 자라는 소나무는 주변 다른 식물과 햇빛이나 토양을 두고 치열한 경쟁을 할 필요가 크지 않기 때문에 키는 작지만 가지 폭이 넓게 퍼지며 자란다. 가지가 넓게 자란 대표적인 소나무에는 천연기념물 294호로 지정된 경북 예천 석송령(石松靈)이 있다. 주변 토지 6,600m^2를 유산으로 받아 해마다 세금도 내고 장학금도 주는 나무다. 석송령은 키 10m, 직경 4.2m, 동서 폭 32m, 남북 폭 22m, 그늘 면적 990m^2에 달한다.

동해안에서 멀지 않은 백두대간의 강원도 삼척, 경북 울진, 봉화 등 깊은 산골에 가면 붉은색 줄기에 가지 넓이가 넓지 않은, 하늘을 향해 높이 20m 정도로 우뚝 솟은 기골이 장대한 소나무를 볼 수 있다. 흔히 금강소나무 _Pinus densiflora for. erecta_ 라고 부르는 이 나무는 소나무 _Pinus densiflora_ 와 형질이 약간 다른 품종이다. 금강소나무는 울창한 숲에서 다른 나무들과 경쟁하면서 햇빛을 받아 살아나려고 키가 커졌다. 강원도와 경북 동해안 백두대간은 습기가 많은 바람 때문에 함박눈이 많이 내리고 오랫동안 눈이 쌓여 있는 곳이다. 이곳에서는 무거운 눈에도 가지가 부러지지 않고 견뎌야 하니키가 크고 가지 폭이 좁은 모습으로 자랄 수밖에 없다. 곧고 크게 자라는금강소나무가 오래 자라면 목재로 쓸모가 많다. 몇 년 전에 불에 탄 광화문을 보수할 때도 강원도 삼척 준경묘(濬慶墓, 조선 태조 이성계 5대조 이양무 장군 묘)에서 벌목한 금강소나무를 활용했다.

소나무의 족보

우리와 가장 친숙한 소나무는 계통 분류학적으로 식물계 관다발식물문 침엽강 소나무목 소나무과 소나무속*Pinus* 나무의 하나이다.(이유미, 2015) 한반도에 자생하는 소나무속 나무는 바늘잎이 두 개씩 묶여 자라는 소나무*Pinus densiflora*, 곰솔*Pinus thunbergii* 2종과 바늘잎이 다섯 개씩 묶여 있는 잣나무*Pinus koraiensis*, 눈잣나무*Pinus pumila*, 섬잣나무*Pinus parviflora* 3종을 포함해 모두 5종이다.

소나무속 나무들이 이 땅에 살기 시작한 것은 지금으로부터 약 1억 3,500만 년 전부터 6,500만 년 전 사이인 중생대 백악기 때부터다. 소나무는 이 땅에 등장한 이래 꿋꿋한 생명력으로 6,500만 년 전부터 시작된 신생대 제3기를 지나 제4기 빙하기와 간빙기들을 거쳐 오늘날까지 살아남은 이 땅의 지킴이다.(Kong et al, 2014, 공우석, 2016) 경북 포항 근교 신생대 제3기 마이오세 지층인 연일층에서는 소나무 열매와 솔씨 화석이 출토되었다. 소나무가 이처럼 지질 시대부터 대를 이을 수 있었던 것은 풍토에 잘 적응해 진화를 거듭한 결과이다. 소나무는 씨앗에 날개가 있어 솔방울에서 천

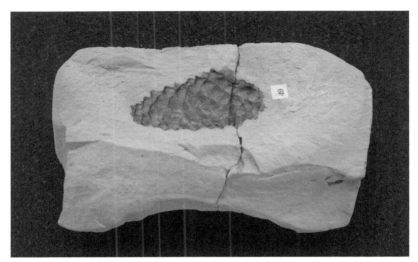

신생대 제3기 마이오세 솔방울 화석, 경희대학교 자연사박물관

천히 떨어지면서 멀리 날아가기 때문에 어미나무로부터 멀리 산포돼 영역을 넓혀 갔다.

마을이나 경작지에서 멀지 않은 곳에 솔숲이 울창하게 발달하는 것을 볼 수 있다. 우리 산하에 소나무가 우점하는 것은 사람들의 산지 이용 역사와도 관련이 깊다. 과거 오랫동안 땔감이나 퇴비용으로 낙엽과 잔가지를 민가 주변에서 집중적으로 채취하면서 숲속에 이르는 일사량이 많아졌고, 그 결과 지표와 토양 온도가 높아지면서 증발산량이 많아져 흙은 차츰 건조하고 척박해졌다. 이처럼 상대적으로 일사량이 많고, 온도가 높고, 건조하고 척박한 토질을 나타내는 곳에서 소나무는 경쟁력을 갖는다. 이러한 생태적 특성은 소나무가 중생대 백악기부터 명맥이 거의 끊이지 않고 지속적으로 우리나라에 살아오면서 얻은 진화의 결과로 볼 수 있다.(공우석, 1995)

고려와 조선 시대에 나라에서 소나무를 보호하는 제도를 도입하면서 소나무가 사람들에 의해 선택적으로 보호받았다. 산간 마을에서 화전을 일구는데 거름기가 적은 소나무 숲이 이용되지 않으면서 낙엽활엽수림은 줄어들고 솔숲은 자연스럽게 넓어졌다. 그 결과 현재 민가 주변과 인간의 영향을 많이 받은 곳에는 소나무로 이루어진 단순한 구조의 2차림이 많고, 우리나라의 대표적인 식생형이 됐다. 그러나 소나무가 흔해진 것은 인간의 영향도 있지만, 근본적으로는 중생대 백악기 이래 풍토에 적응하면서 진화해 온 소나무의 강인한 유전 형질이 바탕을 이뤘기 때문이다.

역사 시대 소나무의 분포

고문헌을 분석하면 역사 시대 지역별 식물의 분포와 그 변화를 알 수 있다. 《조선왕조실록》〈세종장헌대왕실록 지리지〉(1454), 《신증동국여지승람(新增東國輿地勝覽)》(1531), 《동국여지지(東國輿地志)》(1660년대), 《여지도서(輿地圖書)》(1760), 《임원경제지(林園經濟志)》 또는 《임원십육지(林園十六志)》(1842~1845), 《대동지지(大東地志)》(1864) 등과 일제 시대 문헌인 《조선일람(朝鮮一覽)》(1931)에는 시대별 식생 정보가 여러 형태로 수록되어 있다.

조선 시대에 330여 개에 이르는 군현에서 생산되는 특산물 가운데 나무에 대한 기록을 선발해 당시 수종별 분포 범위를 복원했다. 고문헌에서 수집된 자료 중 식생 복원에 적합한 자료는 식이(食餌), 과실(果實), 약재(藥材) 등으로 부(府), 목(牧), 도호부(都護府), 군(郡), 현(縣) 별로 물산(物産), 토산(土産), 토의(土宜), 토공(土貢) 항으로 기록되어 있다.(공우석, 2003, Kong et al, 2014, 2016) 여기에서는 그 가운데 우리나라의 대표적인 침엽수인 소나무와 잣나무를 사례로 소개한다.

시대별 고문헌에서 소나무가 나타난 지역은 《세종실록지리지》(107곳), 《신증동국여지승람》(133곳), 《동국여지지》(139곳), 《여지도서》(148곳), 《임원십육지》(162곳), 《대동지지》(125곳), 《조선일람》(27곳) 등 모두 841개소 정도이다.

조선 시대 소나무의 시대별 출현을 보면 1800년대 초반까지 소나무가 자라던 지역이 증가하다가 이후에는 감소했다. 1660년대에는 경상도의 소나무 분포지가 늘고, 1840년대에는 충청도와 전북에 소나무가 많아졌다. 소나무 분포지가 강원도를 중심으로 남부와 북부 지방까지 확대된 것을 볼 수 있다.

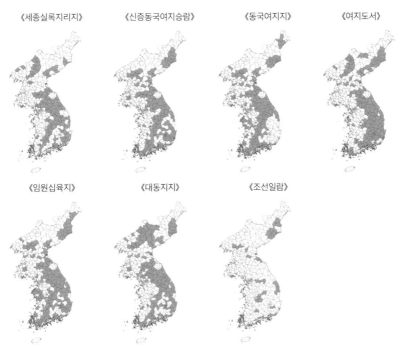

조선 시대의 소나무 분포지(공우석, 2016)

조선 시대 시기별 소나무 출현 빈도를 보면 후기인 1842~1845년에 가장 많이 출현했고, 조선 중기인 1760년, 1660년, 1531년, 1452년 순으로 소나무와 관련된 기록이 많다. 1864년 조선 말기 혼란기에 소나무 기록이 감소한 것은 사회 경제적인 상황을 반영한 것이고, 1930년의 분포지 감소 기록은 일제 강점기에 수탈을 피하려고 의도적으로 뺀 것으로 본다.

조선 초기부터 19세기까지는 소나무 분포지가 증가하다가 후기로 가면서 분포지가 감소하는데 이는 자연적인 결과일까? 소나무와 관련된 정보로 송이버섯, 복령과 같은 한약재 생산지에 대한 기록에서도 소나무 분포와 비슷한 경향이 나왔다.

조선 시대에 잣나무는 《세종실록지리지》(45곳), 《신증동국여지승람》(77곳), 《동국여지지》(72곳), 《여지도서》(40곳), 《임원십육지》(84곳), 《대동지지》(84곳), 《조선일람》(28곳) 등 430개소에서 나타났다.

잣나무의 시대별 분포지는 시간이 지나면서 남부와 북부 지방으로 넓어졌다. 소나무와 비교하면 분포지는 북부 지방으로 보다 널리 확대됐다. 1660년대에 경상도 지방에서 잣나무 분포지가 줄어든 것이 기후와 관련이 있는지, 1760년대에 잣나무 분포지가 전체적으로 줄어들고 특히 북한 지방에서 잣나무 출현이 왜 감소하는지 등에 대해 조사 연구가 필요하다.

조선 초중기와 중후기에는 잣나무가 흔했다. 이는 부분적으로는 한대성 수종인 잣나무가 소빙기(小氷期) 동안 자라는 데 유리했기 때문으로 본다. 잣나무는 강원도, 경상도 등 동해 쪽에 가까운 산지가 많은 곳, 평안도, 함경도 등 기후가 한랭한 곳에도 더 많이 분포했다. 지역별로는 동서와 남북에 따라 산지가 많고 추운 지역에 치우쳐 나타나는 경향을 보였다.

소나무와 잣나무의 분포지를 비교하면, 소나무가 잣나무에 비해 널리

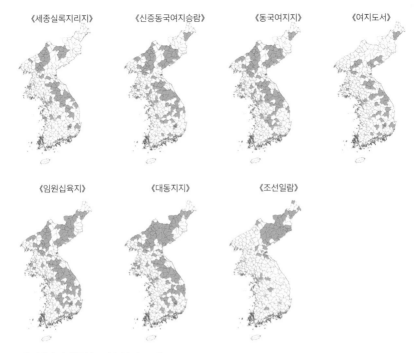

《세종실록지리지》 《신증동국여지승람》 《동국여지지》 《여지도서》

《임원십육지》 《대동지지》 《조선일람》

조선 시대의 잣나무 분포지 (공우석, 2016)

분포하고 소나무가 자라는 곳을 중심으로 송이버섯 이 주로 생산됐다. 송이버섯은 살아 있는 소나무 뿌리와 공생하는 균근성 버 섯이다. 소나무에 기생하는 균체로 진정제, 이뇨제 등 한약재로도 쓰이는 복령 또는 솔뿌리혹버섯이 널리 분포하는 곳도 소나무가 분포 하는 지역과 관련이 깊다.

역사 시대 고문헌은 시대별 인문 사회적인 상황을 알려 줄 뿐만 아니라 당시 기후, 식생, 자연재해 등 자연환경에 대한 자세한 정보를 담고 있다. 조상들로부터 물려받은 문헌 자료를 체계적으로 분석하면 과거 환경을 바르게 복원할 수 있고, 이를 바탕으로 현재를 이해하는 데 도움이 되고,

미래를 예측하는 눈을 가질 수 있다. 역사적인 문화유산의 가치를 바르게 이해할 때 자연을 이해하는 또 다른 눈을 갖게 된다.

소나무의 식물지리

소나무속 나무들도 종에 따라서 자라는 곳이 다르다. 소나무는 한반도에 자생하는 30여 종의 침엽수 가운데 지리적으로 가장 널리 분포하는 나무이다. 소나무는 러시아 연해주, 중국 동북부, 일본 일부 지역 등과 북한 북부 증산에서 제주도 한라산과 해안까지 널리 분포한다. 한 묶음 또는 한 속(束)에 두 개의 바늘잎을 가진 소나무는 한반도 마을 뒷산부터 산 중턱까지 가장 흔한 종류로, 온난 건조한 기후에서 번성하지만 중국 동북 지방에 부분적으로 자란다. 일본 소나무는 재선충병으로 거의 찾기 힘들며, 러시아에서는 희귀종이다. 한반도에서 소나무는 수직적으로 해발 고도 100~1,300m에 주로 자란다.(공우석, 2006b, c) 바늘잎을 가진 또 다른 종류인 곰솔은 제주도, 남서해안 바닷가와 섬에 흔하다.

소나무는 거의 모든 방위에서 나타나며, 경사는 3도 정도의 평탄지에서 60도의 급경사지에서도 자란다. 계곡에서는 경쟁력이 떨어지지만 산 능선, 바위가 많은 곳, 강가 숲이나 하천 위에 발달된 퇴적층으로 배수가 잘 돼 토양이 건조한 곳 등에서 잘 자란다.(임주훈, 1993)

다섯 개의 바늘잎을 가진 소나무속 나무인 잣나무는 중북부 내륙 산지의 높고 추운 곳에서 잘 자란다. 눈잣나무는 설악산과 북한의 고산에 드문드문 분포하는 한대성 수종으로, 빙하기에 한반도로 이동해 온 유존종이다. 섬잣나무는 눈비가 많고 무덥지 않은 울릉도에서만 자생한다. 소나무, 곰솔, 잣나무는 재선충병 때문에 수난을 겪고 있고 눈잣나무, 섬잣나무는

기후변화에 따라 미래가 불확실하다.(공우석, 2016)

소나무는 한반도에 등장한 이래 이 땅에 가장 오랫동안 적응해 살아온 나무로 산림 면적의 23% 정도를 차지한다. 우리나라 산림 40% 정도를 차지하는 침엽수림과 산림 27%에 이르는 침엽수와 활엽수가 섞인 혼합림에서도 소나무는 우점종이다. 소나무는 진정한 이 땅의 지킴이 나무이다.

지난 30년 가까이 계속된 소나무, 잣나무, 리기다소나무 등 침엽수 위주 조림 정책이 숲을 재해에 취약하게 만들었다는 주장도 있다. 1930년

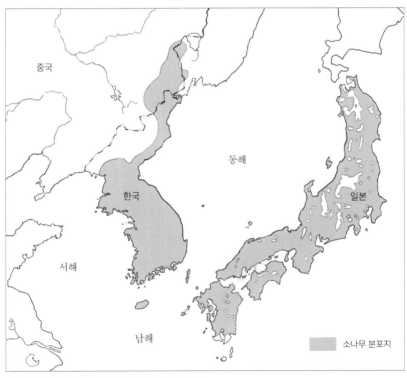

소나무 분포도 (https://doi.org/10.5962/bhl.title.66393)

대 전국 산림 면적의 75%를 소나무가 차지했다. 산림청에서 발간한 《임업통계연보》에 따르면, 1985년 전체 산림의 50.22%에 달하던 침엽수림은 2000년 42.22%, 2010년 40.52%를 거쳐 근래에는 35.5% 정도로 줄었으나 여전히 활엽수림, 혼합림, 죽림보다 높은 비율을 유지하고 있다. 환경부가 발표한 〈한국의 생물 다양성 보고서〉(2012)에 따르면, 소나무는 국내 산림 면적의 23%를 차지해 단일 수종으로는 가장 넓은 면적에 분포한다.

소나무는 지질 시대 이래 가장 오랫동안 이 땅에 자리 잡고 살아온 나무로, 분포역도 가장 넓고 산림 생태계 내에서 핵심적인 역할을 한다. 그러나 재선충병과 같은 병해충 피해로 면적이 감소하고, 숲이 안정화되면서 활엽수에 밀려 쇠퇴하거나 개발에 의해서 분포 면적이 줄어들고 있다.

소나무의 생태

소나무는 높이 36m까지 자라는 상록교목으로 한 묶음 혹은 속에 바늘잎이 2개씩 있고 길이는 0.8~12cm이다. 솔방울은 길이 4~7cm, 둘레 2~5cm이며, 씨앗은 타원형으로 길이는 0.6cm, 날개는 1.8cm이다. 무게 1kg의 솔씨에는 약 7만 9천~14만 개의 씨앗이 있다.

소나무라고 하면 옛 그림에서 봤던 작고 뒤틀린 못생긴 나무로 여기지만, 사람 손길이 드문 경북 울진군 금강송면 소광리나 봉화 춘양면, 강원도 강릉시 성산면 국립대관령자연휴양림 등지의 백두대간 깊은 산에는 키가 20m도 넘는 아름드리 소나무가 많다.

소나무속 나무들은 북아메리카에서 북위 65도까지 자라지만, 유라시아에서는 겨울은 춥지만 여름이 따뜻하기 때문에 북극권까지 자란다. 반대로 소나무속이 자라는 데 남쪽이 불리한 이유는 수분이 부족하고, 토양에 축적된 염분이 많으며, 인위적 간섭이 심하기 때문이다.

기후적으로 소나무속 나무는 여름이 서늘하고 짧은 곳, 겨울이 추워 땅이 얼어 뿌리가 깊게 뻗지 못하는 곳, 건조한 바람이 부는 곳에서는 잘 자라지 못한다. 소나무속은 햇빛에 잘 견디는 상록수로 광합성 능력이 매우 높아 겨울에도 기온이 높으면 이산화탄소를 동화한다. 또한 햇빛이 필요한 정도가 중간으로, 햇빛이 비치는 시간의 변화에 크게 관계없이 넓은 위도에 걸쳐 자랄 수 있다.

소나무는 농작물이나 활엽수에 비해 필요로 하는 광물질과 질소의 양이 적지만, 양분이 풍부한 땅과 경작하지 않는 땅에서도 잘 자란다. 또한 온대성 기후와 산성 토양에 잘 적응하고 햇빛을 좋아해 척박하고 건조한 토양에 잘 견딘다. 특히 헐벗은 땅, 화산 활동으로 새로 만들어진 곳, 방목으로 식생이 사라진 곳에서도 선구종(先驅種, pioneer)이 된다. 산불이 난 뒤에는 흙 속이나 바닥에 있는 솔씨가 싹을 틔우기도 한다. 이렇게 햇빛이 많고 건조하며 척박한 토양에서도 잘 자라는 소나무는 헐벗은 숲을 푸르게 하여 다른 식물의 성장에도 중요하다.

한편 소나무 뿌리에 기생하는 균류는 소나무에 유익하다. 소나무는 곰팡이와 공생하며, 고등식물의 뿌리와 균류가 서로 긴밀하게 결합해 이익을 주며 사는 공생 관계로 맺어진 뿌리인 균근(菌根)을 만든다. 그 균근에서 나온 가는 팡이실로 토양 속 양분을 빨아들인다.

화학적으로 소나무는 다른 식물의 생장을 억제하는 테르펜과 같은 피톤치드(phytoncide)라는 방향성 화학적 타감 물질을 만드는 타감 작용(他感作用, allelopathy)으로 다른 나무들이 솔숲에 자리 잡는 것을 막는다. 따라서 소나무 숲 아래에는 지피식생(地被植生, ground covering vegetation)이 적어 토양이 척박

소나무 숲. 강원도 강릉 국립대관령자연휴양림

하고 비가 많이 오면 겉흙은 쉽게 침식된다.

과거 농촌에서 굵고 큰 소나무는 재목으로 베어내고, 낙엽과 풀을 땔감과 퇴비로 쓰기 위해 숲에서 거두어 가면서 솔숲이 있던 토양이 점점 척박해졌다. 밭농사를 짓기 위해 화전을 일구고, 부주의로 산불이 나면서 자연 식생이 파괴됐다. 그 결과 양분이 많은 겉흙이 비바람에 쓸려 가면서 지표는 건조해지고 척박해졌다. 불리한 토양 상태가 오랫동안 이어지면서 비옥도는 낮아졌고, 하층 식생이 부족한 상태에서 겉흙이 침식되면서 숲속에 빈 땅이 많아졌다. 마을 주변의 이런 척박한 환경에서 자라 비틀어지고 빈약한 못생긴 소나무가 많았다.

소나무는 건조한 능선부에서도 큰 숲을 형성한다. 이는 소나무가 척박하고, 건조한 토양에서 잘 버틸 수 있기 때문이다. 즉 소나무는 암석지나 절개지 등 다른 식물이 잘 자라지 못하는 곳에서도 경쟁력이 있다. 이런 생태적 특성은 소나무가 중생대 백악기 이래 한반도에 살아오면서 적응한 유전 형질 덕분이다.

우리 주변에서 흔히 보는 소나무의 생김새가 곧지 않고 가늘고 크게 자라지 못하는 것은 오랜 시간 동안 주어진 환경에 적응해 만들어진 산물이다. 앞으로 숲을 잘 보살펴 우리 후손에게 자연 유산으로 물려주면 지금은 백두대간에서나 볼 수 있는 굵고 우뚝 솟은 소나무를 미래에는 도시 근처에서도 흔하게 볼 수 있을 것이다.

소나무를 지킨 제도

소나무 숲은 신라 시대부터 보호했으며, 고려 시대를 거쳐 조선 시대에 법으로 엄격하게 보호했다. 소나무로 집을 짓고, 관을 만들고, 배를 건조하기 때문에 조선 왕조는 소나무를 베지 못하게 하는 송목금벌(松木禁伐) 또는 금송(松禁)이라는 소나무 보호 정책을 펼쳤으며, 나머지 수종은 잡목(雜木)으로 취급해 벌목을 제한적으로 허용했다.(공우석, 2016) 그러나 송목금벌 정책은 실패했다. 병선 건조, 산에서의 불을 이용한 수렵, 화전을 위한 산불, 산지에 밭의 개간, 집짓기 등 때문이었다.(이숭녕, 1994)

조선 시대 임업을 담당했던 정부 기관으로 태조 1년(1392)에 공조에 산택사(山澤司)가 설치됐다. 조선 초기에는 나라에서 필요한 목재를 길러 안정적으로 조달하기 위해 보안림(保安林)의 성격을 가진, 일반인의 산림 내 출입을 제한하는 금산(禁山) 제도를 운영했다. 조선 후기에는 임정을 강화해 소나무 벌채를 금지하는 송금절목(松禁節目)을 공포하고 전국에 일반인 출입을 제한하는 봉금 구역(封禁區域)을 설치해 숲을 보호하고, 적극적인 조림 정책을 실시했다. 소나무는 궁실용 건축재, 관재, 연료뿐만 아니라 풍치, 방풍, 선박 재료, 군용을 물론 홍수, 사태를 방지하는 데에도 사용됐다. 고종 31년(1894)에는 공조를 없애고 농상아문(農商衙門) 7국 중에 산림국(山林局)이 설치됐다.

소나무 벌채를 금지하거나 관련된 시책은《조선왕조실록》에 의하면 세종 6년(1424), 1441년, 1448년, 세조 7년(1461), 예종 1년(1469), 성종 5년(1474), 선조 40년(1607) 등 여러 차례 소개됐다. 송금(松禁), 송금사목(松禁事目), 송계벌목(松契節目), 송금계좌목(松禁契座目), 송정절목(松政節目) 등의 사목이나 절목을 제정해 소나무를 보호했다. 각 지방에도 고을에 알맞은 소나무 보호 규정이 있었다.

<表> 조선 시대 소나무를 보호하기 위한 제정된 규정

연도	이름	내용
예종 1년(1496)	송목 금벌사목(松木 禁伐事目)	도성 내외 산에서 소나무 도벌을 금지한 문서
정조 12년(1788)	송금사목(松禁事目)	전함이나 수송선 건조, 궁실 건축에 효용이 크므로 남벌을 금하고 보호 육성한다.
정조 24년(1800)	송계절목(松契節目)	송금사목을 구체적으로 실현하기 위해 1800년 하동군에서 제정
헌종 4년(1838)	금송계좌목(禁松契座目)	경기도 이천군 대월면 가좌리 사람들이 금송계를 조직하고 벌채를 금해 삼림 보호

조선 조정에서 소나무 보호와 관련된 규정을 만들었다는 것은 역으로 당시에 이미 벌채, 화전, 묘지 쓰기 등이 성행해 식생 파괴가 심각했음을 뜻한다. 소나무 보호와 개간 금지가 실효를 거두지 못하고 식생 간섭이 지속되었음을 나타낸다.

금산

금산(禁山)은 땔감 채취, 개간, 화전 같은 것을 금하는 숲이다. 조선 초기 금산 제도는 국가의 다양한 금지 목적에 따라 시행됐다. 첫째, 조선 초기에 개성에서 한성으로 천도한 뒤, 도성 주변 4개 산을 봉산으로 삼고 주변 산지에 100만여 본의 나무를 심는 동시에 4개 산의 보호를 위해 힘썼다. 둘째, 궁궐과 능원묘를 위해 봉산했다. 셋째, 북방 호족과 해안 지역 왜인의 침공을 막는 데 필요한 무기와 전함을 건조하고, 한양 환도 이후 궁중에서 필요한 관을 만드는 관곽재(棺槨材) 등으로 사용하고자 외지의 우량한 임분을 선택해 금산으로 지정하고 서민의 입산을 금했다. 넷째, 군사 훈련과

수렵을 위한 강무장(講武場)으로 사용하려고 봉산이 정해지기도 했다. 그리고 관에서 사용하는 땔감을 공급하는 산지도 금산으로 지정됐다.

금산에는 관방금산(關防禁山), 연해금산(沿海禁山), 태봉금산(胎封禁山), 도성사산금산(都城四山禁山) 등이 있다. 관방금산은 국방 요충지를 보호하고자 나무를 자르는 것을 금한 산으로 조령, 죽령, 추풍령, 동선령, 철령 등이 있다. 1895년 이후에 병영을 철회하고 해당 군수에게 관리를 넘긴 후 산이 황폐해졌다. 연해금산은 사방(砂防), 조선 등의 목적으로 해안 지방에 설치한 금산으로 특히 동해안에 많았다. 선재금산(船材禁山)은 연해금산의 하나로 본다. 태봉금산은 임금 또는 왕비의 태의(胎衣)를 묻은 곳으로 벌채가 금지됐다. 도성사산금산은 도읍의 정기를 보호하기 위한 풍수상의 요지로 금양(禁養)됐다. 이곳에는 소나무가 주로 많이 자라서 소나무를 보호하기 위한 제도로 〈도성내외송목금벌사목(都城內外松木禁伐事目)〉이 만들어졌다.(박봉우, 2000)

봉산

봉산(封山)은 조선 후기 숙종 때부터 왕실과 국가가 필요로 하는 목재 및 터를 배타적이며 안정적으로 공급받고자 강원도 이남의 우량한 산림을 왕실 권위로 지정해 지방민의 출입과 이용을 제한한 산림이다. 봉산이 신뢰할 문서에 나타난 것은 영조 19년(1734)의 《신보수교집록(新報受教輯錄)》이라는 조선 후기 법전 기록이다. 이후 《속대전》(1746), 《대전회통》(1865), 《대동지지》(1860) 등에도 나타난다.

왕실 재궁감이나 건축 용재로 사용하고자 지방민의 벌채 및 이용을 금지해 관리한 황장봉산, 왜구와의 싸움을 대비하거나 물길을 이용한 물품

국립수목원에 전시된 강원도 인제 황장금표 모사품

운송하기 위해 특별히 조선용 소나무를 잘 기르는 금양(禁養)한 봉산, 유교
국가인 조선에서 제사용 용기를 제작하려고 만든 밤나무봉산(栗木封山), 왕
실 자손의 태를 지기(地氣)가 좋은 곳에 묻어 관리했던 태봉산(胎封山), 아직
설정 목적이 밝혀지지 않은 참나무봉산(眞木封山) 등이 있다.

영조 22년(1746)에는 경상도에 7개소, 전라도에 3개소, 강원도에 22개소
의 황장봉산(黃腸封山)을 지정해 속이 누런 소나무인 황장목(黃腸木)을 베지 못
하도록 황장금표(黃腸禁標)를 세워 보호했다.(박봉우, 1993, 배재수, 1996, 김외정, 2016)

소나무는 궁궐을 건축하고 외적을 물리치는데 필요한 거북선 등 전함
을 만드는 중요한 전략 자원이었다. 민가나 사찰을 짓거나 일상생활에도
많은 양의 소나무가 필요했다. 정약용은《목민심서(牧民心書)》(1818)〈공전육
조(工典六條) 산림조(山林條)〉에서 소나무를 기르고 벌채를 금하고 철저히 보

호해야 한다고 주장했다. 그러면서도 조선의 산림 정책은 오직 송금(松禁) 한 가지 조목만 있을 뿐 전나무, 잣나무, 단풍나무, 비자나무에 대해서는 하나도 문제를 삼지 않았다고 지적했다.(전영우, 2014)

우리나라의 목조 유물이나 목조 건축물의 고목재를 분석한 바(이광희, 박원규, 2010)에 따르면, 선사 시대와 삼국 시대에는 활엽수가 건축 구조재 대부분을 차지했으나, 고려 시대에 소나무(72%), 느티나무(22%)로 바뀌면서 소나무가 중심이 되었다. 소나무가 건축재로 사용된 비율은 조선 전기(73%)에서 후기(89%)로 갈수록 높아졌다. 이처럼 비율이 높아진 것은 활엽수 조달이 어려워진 데 반해 척박한 토양에서 경쟁력이 있는 소나무를 선택적으로 보호한 송정 등 정책에 따라 소나무가 널리 자랐기 때문으로 본다.

국립수목원에 전시된 경북 문경 봉산 표지석 모사품

소나무의 흥망성쇠

산자락에 기대 사는 사람들이 끊임없이 숲을 간섭하고 교란하자 우리나라 산지의 토질이 나빠졌다. 활엽수가 점차 줄어들었고, 겉흙이 말라 가면서 다른 식물이 정착하기 어려워졌다. 대신 햇빛을 좋아하는 양수인 소나무는 싹을 틔우기 유리했다. 그 결과 사람 활동이 활발한 마을 주변에는 소나무 숲이 흔하고 마을에서 거리가 멀어질수록 활엽수 숲이 많아졌다.

시간이 흘러 1970년대부터 본격적인 산림녹화를 위한 나무 심기가 활발해졌다. 또 1980년대부터 농산촌에서 땔감 대신 석탄과 석유를 사용하자 소나무 숲 바닥에 낙엽이 쌓이면서 척박한 토양에서 경쟁력이 있는 소나무는 천이에서 활엽수에 밀리고, 소나무 씨앗도 싹을 틔우기 어렵게 됐다. 소나무 뿌리털에 공생하던 송이 균사도 같이 쇠퇴하면서 지역 주민의 주된 수입원이던 송이 생산도 줄었다. 사람만 나이가 들면 생산성이 떨어지고 주변에 꼬이는 이들이 줄어드는 것이 아니다. 소나무의 작은 우주에서도 같은 현상이 나타난다. 이런 것을 보면 세상 우주의 삼라만상이 신기할 따름이다.

'왜 우리 주변에 소나무가 오랫동안 함께 자리했을까?'라는 질문에 새로운 목소리를 띄워 본다. 지구상에 인류가 등장하기 훨씬 이전인 중생대 백악기부터 한반도에 소나무가 꿋꿋하게 뿌리를 박고 살아왔다는 사실을 기억할 것이다. 그런 관점에서 본다면 사람에 의한 자연 생태계 간섭과 파괴만이 소나무 우점의 주된 요인이라고 주장하는 것은 무리가 뒤따른다.

소나무는 중생대 이후 한반도의 변화무쌍한 기후변화를 거치면서 독특한 유전 형질을 지니며 진화했다. 한반도에서 자라는 소나무는 온난한 조건에서 경쟁력이 있는 소나무, 해송과 함께 한랭한 기후에서 잘 자라는 잣나무, 눈잣나무, 냉량 습윤한 기후에 자라는 섬잣나무 등 다양한 종으로 진화했다. 소나무와 해송은 제주도 서귀포 바닷가부터 북한 높은 산지까지 넓게 분포한다. 잣나무는 중부 지방의 고도가 높은 산지에 걸쳐 자라며, 눈잣나무는 북한 아고산대보다 높은 고산 툰드라에 가까운 교목한계선까지 자란다. 섬잣나무는 울릉도의 해양성 기후에 적응해 자리를 차지하고 있다.

소나무류 나무들은 다른 나무보다 다양한 종으로 분화해 한반도 전역뿐만 아니라 동아시아 일대에 널리 분포하며 시간과 공간을 넘나든다. 다양한 환경 조건에도 넓은 생리 생태적 적응 범위를 가지고 열악한 조건을 견딘 소나무 자체의 특성, 적응력 그리고 경쟁력에 주목해야 한다.

소나무를 괴롭히는 해충

역사 시대 이래 사람들이 산림을 무리하게 이용하면서 산은 헐벗었고, 그나마 남은 숲도 해충의 공격으로 수난을 겪었다. 1960년대까지 우리 소나무 숲은 송충이 피해를 입고 그나마 남은 솔숲도 온전하게 유지되지 못했다. 1970년대 이후 산에서 나무를 베고 낙엽 채취를 금지하면서 숲이 울창해지자 소나무 숲 바닥에 햇빛이 덜 비치게 됐다. 그러자 숲속 온도가 내려가고 습해지면서 솔잎혹파리, 솔껍질깍지벌레 등 해충에 의한 피해가 커졌다. 남한의 소나무 숲에 많은 피해를 주었던 솔잎혹파리는 휴전선을 넘어 금강산 소나무에도 큰 피해를 주었고, 남북한 과학자들이 공동으로 방제를 한 적도 있다.

1990년대부터는 소나무재선충병에 의한 피해가 심각하다. 소나무재선충병은 소나무재선충이 소나무, 해송, 잣나무 내에서 빠르게 증식해 나

소나무재선충병 피해목, 강원도 평창

무를 죽이는 병이다. 이 병이 심각한 이유는 병이 발생하면 건강하고 튼실한 소나무부터 먼저 피해를 입기 때문이다.(김외정, 2016) 소나무재선충은 크기가 0.6~1㎜ 정도로 주로 남부 지방에 서식하는 솔수염하늘소나 주로 중북부 지방에 사는 북방수염하늘소가 소나무 잎의 수액을 빨아먹는 과정에서 소나무로 옮겨 가며, 수분과 양분의 이동 통로를 막아 말라 죽게 한다. 재선충병을 일으키는 재선충과 매개 곤충인 솔수염하늘소는 공생한다. 솔수염하늘소 애벌레는 건강한 소나무에 기생할 수 없기 때문에 솔수염하늘소 성충은 쇠약한 소나무에 알을 낳는다. 그리고 건강한 소나무에 재선충을 옮겨 죽음에 이르게 한다. 재선충이 침입하면 소나무는 6일째부터 잎이 처지고 20일째에 잎이 시들며 30일 뒤에는 잎이 빠르게 붉은색으로 바뀌고 말라 죽는다. 재선충병에 걸린 소나무는 1년 내에 90%가 죽고,

2년 내에 나머지가 죽게 되어 치사율은 100%에 이른다.

소나무재선충병은 1988년 일본으로부터 들어와 부산 금정산에서 처음 발생한 이래 부산, 경남 지역에서 집중적으로 발생했고, 최근에는 전국으로 퍼져 가고 있다. 매년 발생 지역과 피해 면적이 넓어지고 피해 숲도 쉽게 줄지 않는 추세이다. 소나무재선충을 퍼지게 하는 주요 원인은 감염된 나무를 무단으로 반출하거나 불법으로 이용하는 것이다. 우리나라뿐만 아니라 일본, 중국, 대만 등 동북아 국가에도 소나무재선충병이 확산됐다. 일본은 1905년 발생한 소나무재선충병으로 홋카이도를 뺀 모든 지역의 소나무가 사라질 위기에 처해 있다.

소나무재선충병의 방제는 말라 죽은 나무를 베어 1~2m^3 크기로 쌓아 놓고 훈증제(燻蒸劑)를 뿌리고 비닐을 씌운 뒤 목질 내부에 있는 솔수염하늘소 유충이 성충으로 나오기 전에 죽이는 것이다. 소나무재선충병이 남한 백두대간의 소나무 숲뿐만 아니라 북한 여러 지역에 확산되면 걷잡을 수 없는 생태적 재앙이 될 것이므로 주의와 대책이 필요하다.

최근 국립수목원 연구진은 가시고치벌*Spathius verustus*이 솔수염하늘소 애벌레의 천적임을 밝혔다. 머지않아 소나무재선충병을 막을 기술이 개발되어 소나무가 말라 죽을 위기에서 벗어나기를 기대한다. 우선 할 일은 빨갛게 죽어 가는 소나무, 잣나무, 곰솔을 보면 당국에 신고하는 것이다.

소나무와 민초의 삶

소나무는 우리 민족과 삶을 같이한 나무이다. 선사 시대부터 배를 만들거나 생활 용구 등을 만드는 목재로 널리 사용됐고, 고려 시대에는 산에 심던 주요한 조림 수종이었다. 조선 시대에는 궁궐을 짓거나 전함을 만드는 데 사용돼서 함부로 베지 못하게 하는 금송 정책을 펴기도 했다. 대한 민국 애국가에도 소나무가 등장한다. 유럽 문화가 '참나무 문화'라면, 우리나라는 '소나무 문화'의 중심 국가이다.

소나무는 자연 생태적, 문화적으로 우리와 가까워 의식주와 역사를 함께했으며, 계절에 따라 사람들에게 여러 혜택을 주었다. 봄철 보릿고개에 소나무의 어린 솔잎, 속살인 송기(松肌) 또는 부름켜와 송홧가루는 굶주림을 견딜 수 있게 하는 구황식물이었다. 솔숲에 나는 봄나물은 배고픈 삶에게는 귀한 먹을거리였다. 소나무 어린순은 생식하거나 술을 만드는 데 쓰이고, 흔히 송화(松花)라고 일컫는 소나무 폴른(pollen), 즉 꽃가루로 다식이나 과자를 만들었다. 소나무 속껍질인 심피(深皮)는 녹말 또는 전분이 많아 봄과 여름철에 벗겨 아이들이 생식하고, 종자는 껍질을 벗겨 곡물과 섞어 먹었다.

여름 솔숲은 가축을 살찌우는 공간이었고, 더위를 피할 수 있는 쉼터였으며, 마을 사람들의 휴식처였다. 또한 태풍의 피해를 막아 주고, 폭우로 인한 산사태로 마을에 피해가 나는 것을 막아 주었다. 홍수가 나면 일시적인 피난 터가 되기도 했다.

가을철 깊은 산 소나무 숲에서 거두는 송이버섯과 복령 등은 귀한 소득원이었고, 한가위에 송편을 찔 때면 솔잎을 깔아 송편이 상하지 않게 피톤치드의 살균력을 활용했다. 송진은 종이, 비누, 칠을 만드는 자원이었다.

겨우내 뒷산 솔숲은 차가운 북풍을 막아 주었고, 솔잎, 솔가지, 솔방울, 소나무 장작은 추위를 이기는 데 필수적인 땔감이었다. 소나무 재목은 생활에 긴요한 건축재, 도구를 만드는 재료였다.

과거 아기가 태어나면 타인의 출입을 제한하려고 친 대문 위 금줄에는

묘지 주변 소나무, 경기도 남양주 홍유릉

아이가 병에 걸리지 않고 오래 살도록 빌면서 숯과 함께 늘 푸른 솔가지를 꽂았다. 사내아이가 태어나면 소나무를 심고, 딸을 낳으면 오동나무를 심기도 했다. 소나무가 40년 정도 자라면 부모가 사망했을 때 소나무로 관을 만들어 장례를 치러 달라는 소망도 있었다. 오동나무는 20년 정도 기르면 가구, 악기 등 딸아이 혼수를 장만할 때 쓸 수 있었다. 아이들은 성장하면서 솔밭 아래서 뛰어 놀고 글을 읽으며 자랐다.

소나무는 변치 않는 정절을 상징하며 사군자(四君子)인 매란국죽(梅蘭菊竹)과 함께 시와 그림의 소재였다. 결혼을 하면 소나무로 집을 지어 분가했고, 생활에 필요한 농기구나 도구 그리고 가구도 소나무로 만들었다. 부모가 사망하면 소나무 목재인 송판으로 망자(亡者)의 관을 만들어 장례를 치

렸고, 묘지 주변에는 소나무를 둘러 심어 무덤을 보호하고 가꾸면서 영생을 기도했다.(공우석, 2019)

오늘날 강원도 강릉 국립대관령자연휴양림, 충남 태안 안면도자연휴양림과 같이 잘 가꾸어진 솔숲은 테르펜과 같은 휘발성 방향 물질이 넘치는 삼림욕장으로 인기가 높다. 조선 시대 나라에서 필요한 소나무를 공급하던 변산반도와 안면도 소나무 숲은 식물과 동물이 어우러진 생태 관광지로 인기가 높다.

인간 삶과 끈끈한 관계를 맺어 온 소나무의 미래 운명이 어떠할지에 대해 이런저런 이야기와 논란이 많다. 소나무 숲이 시간이 지남에 따라 다른 나무에게 자리를 내어 주는 것은 생태계에서 끊임없이 이어져 온 천이 과정 중 하나이다. 자신이 차지한 자리를 끝까지 지키려는 지나친 욕심에 불행한 마무리를 하는 일들을 너무 자주 본 탓에 수십억 년 이어져 온 자연의 섭리에 고개가 숙여질 뿐이다.

소나무와 문화

소나무와 대나무는 오래전부터 수묵화로 즐겨 그렸던 대상이었다. 《삼국사기(三國史記)》에 따르면, 고구려 시조인 동명성왕이 나라를 세우기 전에 부여에서 쫓겨나면서 부인에게 아들을 낳거든 일곱 모가 난 돌 위 소나무 밑에 자신이 남긴 물건이 감춰져 있다는 것을 알려 주라고 했다. 그 물건을 찾으면 자신의 아들로 판단하겠다는 이야기인데, 이것이 소나무에 대한 가장 오래된 우리 고문헌 기록 가운데 하나이다.

6세기에 그려진 북한 평양시 진파리 1호 고구려 고분은 소나무와 하늘을 나는 역동적인 용을 그린 벽화이다. 고분 벽에는 동쪽에 청룡, 서벽에

백호, 남벽에 주작, 북벽에 현무 등 사신도(四神圖)가 그려져 있다. 특히 북벽 현무 양쪽에는 소나무가 두 그루가 그려져 있다. 소나무가 상서로운 동물들과 함께 등장하는 것은 의미가 크다.(이정호, 2013) 신라 솔거가 경주 황룡사 담장에 그린 〈노송도(老松圖)〉에 새들이 날아들어 충돌했다는 《삼국사기》 기록도 있다. 이러한 고문헌 기록과 고분 벽화 등은 우리 민족이 오래전부터 소나무를 특별히 다루었음을 미루어 짐작하게 한다.

《삼국사기》에 실린 태조 왕건의 고려 개국 기록에는 신라 탄생지인 계림은 누런 잎이고, 개경의 고개인 곡령은 푸른 솔이라 하여 고려 창건을 예측하는 내용이 있다. 《고려사(高麗史)》에도 왕건의 선조 강충이 부소군 남쪽으로 옮겨 가 소나무를 심으면 삼한을 통일하는 인물이 나온다는 이야기를 듣고 이사한 뒤 산에 소나무를 심고 지금의 개성이 된 고을을 송악(松岳)이라 했다는 내용이 있다. 푸른 소나무는 왕의 탄생을 상징하는 나무가 됐다.(신준환, 2018)

14세기에 그려진 고려 불화 〈수월관음도(水月觀音圖)〉는 소나무가 그려진 유일한 불화로 알려졌다. 우리나라에서 가장 오래된 수묵 소나무 그림으로, 소나무가 종교적으로도 의미를 갖는 대상이었음을 알 수 있다.

조선 시대에 경관을 사실적으로 그린 진경산수(眞景山水)의 대가 겸재 정선의 〈노송대설(老松大雪)〉과 이인상의 〈설송도(雪松圖)〉는 겨울 소나무를 그린 수작이며, 이 외에도 많은 화가가 소나무를 작품의 대상으로 삼았다.

조선 후기 서예가 추사 김정희가 1844년에 그린 〈세한도(歲寒圖)〉는 소나무와 잣나무를 한 화폭에 그린 걸작이다. 〈세한도〉는 추사가 59세인 1844년 제주도에서 유배 생활을 할 때 제자 이상적이 보내 준 책을 받고 그 정성에 감격해 그려 준 그림이다. 유배되자 양반 지인들이 자신을 멀리할 때

역관인 제자가 권세와 이익을 위하지 않고 자신을 잊지 않은 것에 극진한 고마움을 표했다. 〈세한도〉를 그린 배경을 간략하게 적은 발문(跋文)에는 《논어(論語)》〈자한(子罕)〉편에 나오는 '歲寒然後知松栢之後凋(추운 겨울이 돼서야 잣나무와 소나무가 늦게 시듦을 안다)'라는 글귀가 적혀 있다. 소나무와 잣나무의 변치 않는 모습과 푸르름에 사람이 본받아야 할 정신적 의미를 둔 것이다.

소나무는 도교와 민간 신앙에서 불로장생(不老長生)을 상징하는 10가지 사물인 해, 구름, 물, 바위, 소나무, 대나무, 영지(불로초), 거북, 사슴, 학 등 십장생(十長生) 중 하나로도 알려져 있다.(고연희, 2007) 그와 동시에 옥좌 뒤에 두는 〈일월오봉도(日月五峯圖)〉에 그려진 나무이기도 하다. 소나무는 조선 시대 왕릉을 둘러싸고 묘지를 보호하는 나무로 널리 심었고, 도래솔 또는 언덕에 심는 나무라는 뜻으로 구목(丘木)이라 불렀다.

조선 시대에 능(陵) 주변에 소나무를 많은 심은 이유는 형태적으로 늘 푸르기 때문에 영생을 기원하는 의미를 주었고, 곧게 자라고 뿌리를 깊게 내려 지반을 안정시켜 묘지가 움직이지 않도록 해 주기 때문이다. 생리 생

추사 김정희, 〈세한도 영인본〉, 과천추사박물관

태적으로 소나무는 척박하고 건조한 토양에 잘 견디며 오래 살아 번영을 뜻하며, 주변을 깨끗하게 해 주고 요사한 귀신을 막아 주는 벽사(辟邪) 기능을 한다.(이선, 2006)

최근 일부 지방 자치 단체는 소나무를 도시 상징으로 정하고 도로변에 가로수로 소나무를 심기도 한다. 새로 건설하는 아파트 단지, 공원과 골프장 등을 꾸밀 때도 소나무가 인기다. 그러나 도시에 심어진 우뚝 솟은 토종 소나무는 어디에서 옮겨 온 것이며, 원래 서식지를 떠나 꼭 있어야 할 자리에 있는 것인지 한번 생각해 볼 일이다.

지구 온난화 같은 기후변화가 소나무의 멸종을 가져올 수 있다는 발표가 나와 진위 여부가 논란이 될 정도로 우리 곁에 있는 소나무에 대한 지식과 정보가 부족하다. 이제는 소나무가 가진 자연 생태적, 자원적, 문화 역사적, 산림 치유적 가치를 재인식하고 이를 적극적으로 활용해 소나무 숲이 가진 잠재력을 활용하려는 노력이 요구된다. 이를 위해 남북한에 널리 분포하는 소나무 등 토종 나무들의 계통 분류, 유전, 지리, 생태, 증식, 산림의 관리를 정부 기관과 학계가 뜻을 모아 과학적으로 연구하고 체계적으로 관리 대응하는 데 힘을 모을 때이다.

대나무 이야기

풀이지만 나무라고 부르는 대나무

대나무가 모여 자라는 곳을 지방에 따라서 대숲, 대밭, 대나무 숲, 죽림 (竹林) 등 여러 가지 이름으로 부른다. 어릴 때 지평선이 보이는 드넓은 논, 나락이 자라는 평야에 살던 나는 겨울에도 푸른 대나무 숲을 처음 본 순간 매료되고 말았다. 대나무 숲으로 둘러싸인 아늑한 남쪽 지방 마을 모습은 처음 대나무 숲을 보는 사람에게도 편안한 고향 정취를 느끼게 한다. 무더운 여름날 바람에 대나무가 이리저리 흔들리며 댓바람을 일으키는 모습을 보면 마음속까지 시원해진다. 삭풍이 부는 겨울에는 눈보라에 흔들리

조릿대, 경기도 가평 축령산

다가도 곧 제자리를 되찾는 대나무의 부드러우면서도 강직한 탄성에 감동하지 않을 수 없다.

그런데 강원도 바닷가에서 자라는 훤칠한 키에 가느다란 대나무를 보면 따뜻한 곳에 산다던 대나무가 어떻게 영동 지방에서 자라는지 궁금해질 것이다. 중부 지방 울창한 산속 숲 바닥에서 자라는 키 작은 조릿대를 보면 눈에 보이는 것이 대나무인지 아닌지 혼란스러울 수 있다. 더구나 대나무가 나무인지 혹은 풀인지 아이들이 묻기라도 하면 어른조차도 머리를 긁적이게 된다. 대나무는 우리에게 가까이 있으나 우리가 아는 내용은 아주 적다. 가깝고도 먼 이웃이다.

대나무가 풀인지, 나무인지 알려면 초본식물과 목본식물의 차이를 먼저 알아야 한다. 나무는 나무껍질 바로 안쪽 물과 체관 사이에 형성층(形成層, cambium)이라는 세포 분열 조직층이 있어 하루에 한 번 정도 세포 분열하며, 이때 만든 세포를 안쪽에 쌓으면서 굵어진다. 그러나 대나무는 형성층이 퇴화되어 없기 때문에 줄기가 해마다 굵어지지 않는다. 형성층이 없는 대나무는 해부학적으로 초본 또는 풀에 속하며, 형성층이 있다가 퇴화한 벼과에 속하는 식물이다. 대나무 줄기 단면에 점점 보이는 체관의 관다발 세포벽이 두껍고 강하게 서로 묶여 있어 줄기가 나무처럼 단단하기에 나무로 보기도 한다.(김외정, 2016)

불의와 타협하지 않고 원리원칙대로 사는 사람을 흔히 성격이 대쪽 같다고 한다. 곧은 성품에 바른 행동을 하고 청렴하게 살아도 대쪽 같다는 말을 들을 수 있는데, 현실에서 그런 평가를 받는 것은 쉽지 않다. 최소한 대나무처럼 세파에 흔들려도 제자리로 돌아와 바르게 일생을 살다가 생을 마감할 수 있으면 좋겠다는 생각을 누구나 할 것이다.

우리 삶과 밀접한 관계를 맺어온 대나무는 주식인 벼   와 함께
벼과   의 늘푸른큰키나무에 속하며, 학자에 따라서는 대나무
과   로 나누기도 한다. 대나무는 세상에서 가장 빠르게 자라는 식
물 중 하나다.

우리나라에서 발견된 대나무 화석은 지금으로부터 약 300만 년 이전
것이며, 4만 년 전 대나무 꽃가루 화석도 나타났다.(김준호, 2000) 현재 한반
도에는 예로부터 자라던 토종 대나무인 자생종 18종과 외국에서 도입된
35종을 포함해 50여 종 이상이 자라고 있다.

대나무는 줄기가 자라면서 껍질인 죽피(竹皮)가 떨어지는 종류와 줄기

왕대, 경남 산청

에 껍질이 붙어 있다가 썩어서 떨어지는 종류로 나뉜다. 전자에 속하는 참대속 *Phyllostachys* 에는 왕대(혹은 참대), 맹종죽, 오죽, 반죽, 솜대, 관암죽, 백죽 등 7종이 있다. 후자에는 이대속 *Pseudosasa* 의 이대, 자주이대 등 2종, 해장죽속 *Pleioblastus* 의 해장죽 1종, 조릿대속 *Sasamorpha* 의 기주조릿대, 조릿대, 산죽, 완도산죽 등 4종, 산죽속 *Sasa* 의 산백죽, 고려조릿대, 섬대, 제주조릿대 등 4종이 있다.(공우석, 1985, 2001, 2004b)

대나무의 식물지리

대나무는 열대와 아열대 지역을 중심으로 47속 1,250여 종이 자라며, 북반구 아시아 계절풍 지대에는 100종류 이상이 분포한다.(김준호, 2000) 또한 해안가부터 아시아의 지붕인 히말라야산맥 약 3천 미터 이상까지, 남미 안데스산맥에서는 약 5천 미터까지 분포한다.

왕대는 높이 20m에 이르고, 가지가 2~3개씩 함께 나온다. 잎 길이 10~20cm, 넓이 1.2~2.0cm로 털이 없으며 작은 톱니가 있다. 죽순은 5~6월에 돋아나며 꽃은 매우 드물게 핀다. 토심이 깊고 비옥한 토양에서 잘 자라며 음지보다는 양지를 좋아한다.

이대는 높이 5m, 직경 5~15mm에 이르며, 잎은 가늘고 좁고 길이 10~30cm이다. 원줄기가 곧고 윗부분과 아랫부분 굵기가 거의 일정하다. 줄기가 자라면서 겉껍질이 떨어지는 왕대는 충남 서산~칠갑산~계룡산~전북 전주~지리산~경북 금오산~충북 소백산~강원 설악산~금강산~고성 삼일포에 이르는 선 남쪽에서 숲을 이루며 자라고, 서해안보다 바닷물이 따뜻한 동해안 쪽에서 위도상으로 2도 가까이 북쪽까지 자란다.

고등학교 지리 교과서에 대나무 북한계선으로 알려진 분포도는 사실

은 경제성 있는 대나무의 재배가 활발한 곳을 나타낸 것으로, 전북 김제와
전주~경남 함양과 거창~대구~경북 포항 남쪽 지역이다. 특히 전남 담양,
나주, 보성, 전북 익산, 경남 산청, 하동, 진주 등이 대나무의 주요 산지로
알려졌다.

대나무 분포도(공우석, 2001b)

한반도의 참대속부터 산죽속을 포함한 대나무 18종이 모두 자라는 분포 북한계선은 경기도 백령도(124° 10′ E, 37° 55′ N)~황해도의 장수산과 멸악산~경기도 용문산과 명지산~함경남도의 추애산~평안남도 묘향산~평안북도 후창(41° 22′ N)~함경북도 명천(129° 41′ E, 41° 10′ N)에 이르는 선 남쪽이다.

한편 일반적으로 알려진 대나무 북한계선보다 북쪽에 자라는 대나무 군락지가 북한 당국에 의해 천연기념물로 지정됐다. 함남 홍원군 호남리 대섬 신의대 군락(제283호), 함북 화대군 목진리 운만대 신의대 군락(제311호), 량강도(평안북도) 김형직군(후창군) 영저리 후창 조릿대 군락(제373호), 강원도 고성군 삼일포리, 순학리 고성 참대(제415호) 등이 그것이다.

옛날부터 '대나무의 고향'이라는 뜻으로 죽향(竹鄕)이라 불리는 전남 담양은 우리나라 최대 대나무 산지로, 전국 대나무 재배 면적(7,662ha)의 32%(2,420ha)가 담양에 있다. 담양군 전체 면적(4만 4,500ha)의 5.4%에서 생산된 대나무는 주민에게 연간 200여억 원의 소득을 안겨 준다.

대나무의 생태

대나무 숲이 울창한 곳은 연평균기온이 12℃ 이상, 1월 최저평균기온 -6℃ 이상이 되는 곳으로, 일 년에 1,200mm 이상의 비가 내리는 지역이다. 강한 바람과 많은 눈에 큰 피해를 입기 때문에 대나무 숲은 언덕 경사가 완만한 곳이 적합하며, 온난한 지방에서는 북쪽 언덕, 추운 지방에서는 남쪽 언덕이 자라기 좋은 곳이다.

대나무는 땅속뿌리인 지하경(地下莖, rhizoma)에서 죽순이 자라기 시작해 60일 동안 완전히 자라며, 하루에 60cm까지 자란다. 대나무 줄기는 죽순이 나온 첫해만 자라며 이듬해부터는 더 이상 굵어지지도, 자라지도 않는다.

죽순

그러나 대나무가 꽃이 피면 다음 해 대나무 숲의 90% 정도는 죽게 된다.

대나무는 군락 전체가 동시에 꽃을 피우고 열매를 맺은 뒤 모두 말라 죽는다. 대나무가 꽃을 피우는 이유에 대해 기후 등 환경적인 스트레스를 원인으로 보는 환경설, 30~120년마다 주기적으로 피할 수 없이 개화한다는 주기설, 영양분 부족이 개화 요인이 된다는 영양설, 급격한 기후변화가 원인이 된다는 기후설, 병균이나 곤충 피해를 입은 대나무 숲은 세력이 약화돼 개화한다는 병충해 유인설, 태양 흑점이 증가하면 대나무가 개화한다는 설 등 많지만 정답은 없다.(국립산림과학원, 2005)

대나무 숲에서는 처녀가 망사치마를 입고 있는 것 같은 흰망태버섯을 흔하게 볼 수 있다. 긴호랑거미, 검은물잠자리, 나비잠자리, 아시아실잠자리, 알락하늘소 등 곤충과 거미도 쉽게 볼 수 있으며, 여름에는 흰줄숲모기 등 모기의 공격도 드세다. 기름진 대나무 숲 땅 바닥에는 지네류가 많고 황줄까막노래기 등 노래기 종류도 풍부하기 때문에 옛사람들은 닭을 대숲에 풀어놓아 기르면 지네를 많이 잡아먹어 살이 잘 찌고 고기 맛이 좋다고 했다.

최근 대나무 가격이 내려가면서 대나무 숲을 없애고 택지, 공장용지, 음식점, 농경지, 묘포장 등으로 용도가 바뀌는 것을 흔히 볼 수 있다. 과거에는 대나무를 일정한 구역 내에서 관리하며 재배했다. 그러나 요즘에는 민가에서 멀리 떨어져 있거나 산지에 위치해 채산성이 맞지 않는 대나무 숲이 방치되고 있다. 이에 대나무는 지하경을 이용해 급속하게 산지에서 번져 가고 있다.

대나무 서식지 확산 현상은 왕대뿐만 아니라 산에서 자라는 대나무류에서도 볼 수 있다. 제주도 한라산에서는 제주도 특산종인 제주조릿대가 한라산 정상 쪽으로 빠르게 퍼져 가고 있는데, 그 이유를 지구 온난화에 따라 고온 다습한 환경을 좋아하는 대나무 분포역이 넓어졌고, 부분적으로 가축 방목을 금지함에 따라 개체수가 넓어진 것으로 보고 있다.(공우석, 2001) 따라서 이러한 경향을 현장에서 조사하고 이에 대한 대책을 세워야 한다.

대나무와 민초의 삶

대나무는 우리 민족의 삶과 뗄 수 없는 밀접한 관계를 맺어 왔다. 아기가 태어날 때 산모와 아기를 보호하고자 대문에 치는 금줄에는 솔가지나 댓잎을 꽂았다. 오랜 친구를 이르는 죽마고우(竹馬故友)는 대나무로 만든 말

대나무 숲, 전남 담양

을 타고 노는 놀이인 죽마놀이에서 유래한다. 결혼식 초례상 양쪽에는 소
나무와 대나무를 꽃병에 담아두는데, 솔가지와 푸른 댓잎은 변치 않는 부
부애를 상징했다. 아버지를 잃은 상주(喪主)는 대나무로 만든 지팡이인 둥
근 상장(喪杖)을 짚었고, 어머니가 돌아가시면 오동나무 지팡이를 사용했
다. 무속에서 대나무는 하늘과 땅을 연결해 주는 상징으로 신을 부르거나
내리게 하는 신장대로 사용한다.

조선 시대 남부 지방에서는 뒤란에 대나무를 심었고, 중부 지방에서는
오얏나무를 길렀으며, 북부 지방에서는 배나무를 심었다. 기후와 풍토에
따라 각기 다른 나무가 생활 속에 깊게 연결되었음을 알 수 있다.

대숲이 있어 봄 가뭄에도 마을 우물이 마르지 않았다. 봄철 대숲의 죽순(竹筍), 즉 대나무 새순은 흔히 보릿고개라고 부르는 춘궁기(春窮期)를 넘길 수 있게 해 준 구황작물로 주린 배를 채워 주었다. 큰 비가 내리는 여름에 대숲은 홍수와 산사태 피해를 막아 주었다. 또한 맹수가 집 뒤쪽으로 침입하는 것을 막아 주는 방어 공간으로 안전망이자 방패와 같은 역할을 했다. 대숲에는 풀과 곤충이 많아 닭이나 염소 등 가축이 먹이를 찾아 노니는 생산 공간이었다. 가을철에 베어낸 대나무는 생활 용구나 죽세공품을 만들어 팔면 목돈을 만질 수 있게 한다 해서 살아 있는 황금밭이라는 의미로 생금밭(生金田)이라 했다. 흉년이 들면 대나무 열매인 죽실(竹實)에 멥쌀을 섞어 밥을 지어 먹기도 했다. 겨울 대숲은 뒷산에서 불어오는 북서계절풍을 막아 주는 바람막이 역할을 하는 방풍림이고 생활에 필요한 죽세공품을 만드는 대나무 재료의 공급처였다. 전남 담양, 경남 하동, 산청은 왕대를 비롯한 죽재(竹材)를 많이 생산하는 곳이다.(공우석, 2001)

대나무는 줄기가 둥글고, 속이 비어 있고, 가볍고 탄력이 있어 가공이 쉬워 예로부터 건축재, 가정용구, 농기구, 악기, 완구, 무기, 관상용 등 여러 용도로 사용됐다. 먹, 종이, 벼루와 함께 문방사우(文房四友)를 이루는 붓을 만드는 재료였으며, 대나무를 납작하게 깎아 만든 막대인 죽간(竹竿)은 종이가 만들어지기 전부터 글씨를 새기는 용도로 사용됐다. 퉁소, 대금, 피리 등 악기를 만드는 재료이자 집을 지을 때 벽과 지붕, 문창살을 만드는 데 필수적이었다. 대나무를 구워 만든 대나무 숯은 불순물을 거르거나 냄새를 없앨 때도 사용한다.

식생활에서도 중요해서 조리, 소쿠리, 채반, 젓가락, 그릇 등을 만드는 데도 널리 사용했다. 대나무 줄기에는 칼슘, 나트륨, 칼륨 등 광물질이 많아서 대나무를 넣고 소금을 구워 미네랄이 스며들게 해 죽염(竹鹽)을 만든다. 죽염을 만들거나 바닷물을 끓여 다릴 때 화력이 좋은 소나무를 많이 사용했기에 소금으로 유명한 전북 부안 변산반도와 충남 태안반도 지역에는 소나무와 대나무가 같이 있는 풍경이 낯설지 않다.

대나무는 활, 화살, 화살통, 죽창, 죽도, 죽패(대나무 다발로 화살을 막기 위해 제작된 방어용 무기) 등 여러 가지 무기를 만드는 재료이기도 했다. 긴 대나무로 만든 죽장창(竹長槍)은 무예를 익힐 때 쓰던 창이다. 특히 가운데가 가늘고 마디가 없어 화살용으로 사용된 이대가 자라던 곳은 군사 기밀일 정도로 전략적으로 중요하게 여겼다. 세종대왕은 북쪽 오랑캐를 막기 위해 남쪽 대나무를 북방에 가까운 동해 쪽 섬으로 옮겨 심어 화살을 자급자족할 것을 명했다.

대나무 생산과 가공업이 발달한 곳은 경상도와 전라도였다. 왕대는 지리적으로 남부 전역, 중부 해안에 자라며, 조선 시대에 계속 나타났다. 이대는 북한쪽 내륙 산간지를 제외하고 전국에 분포하며, 19세기 중반 이후부터 분포지가 차츰 줄었다. 죽피 방석의 중요 산지는 경상도 청도, 진주, 창원, 전라도 순천과 장흥이었다. 대나무 제품은 발, 빗, 부채, 참빗, 방갓을 비롯해 옷상자, 색상자, 문갑, 바구니 등도 많이 만들었다. 무엇보다 대나무 수공업에서 기본을 이루는 것은 발, 참빗, 망갓, 태극선과 합죽선 부채 등이었다.

몇 년 전 대나무로 만들어진 죽창과 만장이 시위에 등장하면서 대나무가 세상 사람들의 입방아에 오른 적이 있다. 현대 사회에서 이웃을 향해 죽창을 사용하는 폭력은 누구에게도 환영받을 수 없다.

시대가 어려워질수록 배고픔을 이기기 위해 죽순을 필요로 하는 사람이 적지 않고 조화로운 선율을 이루어 내는 대나무 악기를 그리워하는 사람도 많다.《삼국유사》에 나오는 대나무로 만든 피리 만파식적(萬波息笛)은 국민적 합심과 평화를 상징했다. 이를 되새겨 우리 자원과 잠재력을 모두에게 득이 될 수 있도록 힘을 모을 때이다. 의식주에 많은 혜택을 주는 식물을 바르게 알고, 좋은 의도로 활용하는 것은 우리 몫이다.

대나무와 문화

대나무는 오랜전부터 우리 생활, 문화와 밀접한 관계를 맺고 연연히 이어졌다. 대나무(竹)는 매화(梅), 난초(蘭), 국화(菊)와 함께 사군자(四君子)였다. 늘 푸른 소나무와 대나무는 예로부터 선비들이 가장 아끼는 정신적 표상이었다. 선비들은 언제나 푸르고 곧은 대나무의 속성을 마음 닦기의 본보기로 삼았다.

죽(竹)
_ 윤선도, 〈오우가〉

나무도 아니고 풀도 아닌 것이
곧게 자라기는 누가 그리 시켰으며
속은 어이 비었는가.
저리하고도 네 계절에 늘 푸르니
나는 그것을 좋아하노라.

고산 윤선도가 물, 돌, 솔, 대, 달을 찬미해 지은 시인 〈오우가(五友歌)〉가운데 '죽(竹)'에 대한 내용이다. 늘 푸른 모습으로 곧게 자라는 대나무를 보고 선비가 살아가는데 지켜야 할 태도로 삼았을 정도로 사람들의 사랑을 받는 나무였다. 대나무는 매화와 소나무와 더불어 한겨울 추위에도 변치 않는 '세한삼우(歲寒三友)'로 불리며 시와 그림에 자주 등장했다.

중국 송(宋) 대 문헌에 따르면, 9, 10세기쯤에 대나무를 묵으로 그린 묵화(墨畵)가 등장했다. 그다음으로 11세기 중엽에 매화와 난초가 묵화로 그려졌고, 다음에 국화를 그렸다. 북송(北宋) 때 이르러 네 가지 식물을 모두 묵화로 그리면서 문인 묵화로서 사군자화의 기틀이 마련됐다. 북송 때부터 사군자화는 화가의 인품 또는 성격을 나타내는 것으로 받아들여지면서 문인 사이에 더욱 환영받는 소재가 됐다. 특히 남송 말기부터 원(元) 초기에는 몽골족 지배 아래 나라를 잃고도 지조와 절개를 지키며 은둔 생활을 한 문인 사이에 무언(無言)의 충절과 저항 수단으로 대나무를 비롯한 사군자를 그렸다고 한다.

요즘에도 목가적이고 전원적인 시를 쓴 시인 신석정의 〈대숲에 서서〉가 널리 암송되고 있다.

대숲에 서서
_신석정

대숲으로 간다.
대숲으로 간다.
한사코 성근 대숲으로 간다.
자욱한 밤안개에 벌레 소리 젖어 흐르고
벌레 소리에 푸른 달빛이 배어 흐르고

대숲은 좋더라.

성글어 좋더라.

한사코 서러워 대숲은 좋더라.

꽃가루 날리듯 홍근이 드는 달빛에

기척 없이 서서 나도 대같이 살거나.

최근에 화제가 된 '~옆 대나무 숲'은 소셜 미디어의 대표적 플랫폼인 트위터(twitter)에서 이용되는 공간이다. 2012년 9월부터 현재까지 동종 업계에 있거나 공통 관심사를 가진 사람들끼리 불만이나 애환을 토로하며 공감을 나누는 장으로 자리했다. '출판사 옆 대나무 숲'에서 시작해 '방송사 옆 대나무 숲', '이공계 옆 대나무 숲', 'IT회사 대나무 숲' 등 100여 개 이상의 대나무 숲이 인기라고 한다.(공우석, 2019)

트위터가 본인 계정으로 접속해 자신의 애기를 담아 소통하는 것과 달리 '~옆 대나무 숲'은 여럿이 공동 계정 형태로 운영되며, 비밀번호를 공유해 하나의 트위터 계정에서 익명으로 소통하는 방식이다. 이렇게 여러 업계의 목소리를 담은 계정이 비 온 뒤 대나무 숲에 죽순이 올라오듯이 늘어나고 있다. 따라서 이러한 열풍이 가져오는 긍정적인 효과와 함께 부정적 문제점을 우려하는 목소리도 있다.

대나무의 미래

대나무 숲은 남부 지방의 마을 경관을 이루어 온 자연 경관이자 문화적으로도 중요한 요소이다. 그러나 근래 외국에 농산물 시장이 개방되고 값싼 외국산 죽제품이 수입되면서 국산 죽세산업이 사양길을 걷고 있다. 대나무로 만든 생활 용구나 도구에 대한 관심이 줄어들면서 죽세공품을 만드는 장인의 생활이 어려워졌다. 더구나 대나무를 다루는 기술을 배우려는 후계자도 줄어들어 대나무와 관련된 문화가 사라질 위기에 처했다. 죽세공예술을 보전하는 대책이 요구된다.

최근 대나무가 지닌 기후변화를 완화시킬 수 있는 잠재성을 적극적으로 평가해야 한다는 주장이 나왔다. 대나무 숲은 바이오 연료로 사용될 가능성이 높아지고 있으며, 대나무에서 추출한 죽력고, 죽초액 등은 건강 식품으로 활용된다. 대나무는 온실 기체인 탄소를 저장하는 능력이 유칼립투스나 넓은잎삼나무와 거의 비슷한 수준으로 매우 높은 것으로 알려졌다.(공우석, 2012, 2016) 따라서 우리 주변에 자라는 대나무를 쓸모없는 골칫거리로 만들 것인지 아니면 온실 기체를 조절하는 이로운 이웃으로 가꿀 것인지는 오늘을 사는 우리에게 주어진 숙제다.

차나무 이야기

차 마셔 보셨나요

차(茶, tea)는 본디 차나무 잎을 뜻하지만, 우리나라에서는 곡류, 식물 잎, 과실류, 약재 등으로 만든 기호음료 전체를 이르기도 한다. 그러나 엄밀한 의미에서 차란 차나무의 잎을 의미하는 것이고, 흔히 마시는 율무차, 인삼차 등은 탕(湯)에 속한다.

아무튼 언제부터인지 차 한 잔 마시자는 말 대신 커피가 그 자리를 차지할 정도로 커피는 차의 대명사가 되었고, 정작 차는 마시기 쉽지 않다. 특히 우리나라에서는 세계적으로도 유래를 찾기 힘들 정도로 커피가 대세를 이루며 질주하고 있다. 찻집이나 다방은 촌스런 단어가 됐고, 카페나 커피숍이 그 자리를 차지한 지 오래됐다.

차나무의 족보

차나무 Camellia sinensis 는 분류학적으로 종자식물군(Embryophyta) 피자식물아문(Angiospermae) 쌍자엽식물강(Dicotyledones) 측막태좌목(Parietales) 동백나무과(Theaceae) 동백나무속 Camellia 에 속한다. 동백나무속에는 차나무와 함께 동백나무가 포함되어 있다.

우리나라에 차나무 잎을 가공해 만든 차가 유래된 배경에는 중국 도입설, 인도 전래설, 자생설 등 여러 학설이 있다. 먼저 중국 도입설은 흥덕왕 3년(828) 신라 사신인 대렴(大廉)이 당나라에서 차씨를 가져와 지리산 일대

<표> 차나무의 식물학적 분류

식물계(Plantae)

　　피자식물아문(Angiospermae)

　　　쌍자엽식물강(Dicotyledones)

　　　　측막태좌목(Parietales)

　　　　　동백나무과(Theaceae)

　　　　　　동백나무속(*Camellia*)

　　　　　　　– 동백나무(*Camellia japonica* L.)

　　　　　　　– 흰동백나무(*Camellia japonica* for. *albipetala* H.D. Chang)

　　　　　　　– 긴잎동백나무(*Camellia japonica* for. *longifolia* Uyeki)

　　　　　　　– 색동백나무(*Camellia japonica* for. *variegata* Uyeki)

　　　　　　　– 애기동백나무(*Camellia sasanqua* Thunb.)

　　　　　　　– 차나무(*Camellia sinensis* L.)

(국가표준식물목록 자료를 바탕으로 작성)

차나무, 광주 무등산

에 심었다는《삼국사기》권10〈흥덕왕조〉기록에 근거한 설이다. 그러나 《삼국사기》와《동국통감》권11〈흥덕왕조〉에 근거해, 우리나라에 차가 들어온 것을 선덕여왕(632~647) 시기로 주장하기도 한다. 차는 선덕여왕 때부터 재배되기 시작해 828년쯤에 가장 널리 재배됐다. 인도 전래설은 가락국 시조 김수로왕의 왕비인 인도 아유타국 공주 허황옥이 시집올 때 차씨를 가져왔다는 기록에 근거한다. 이 외에도 영남, 호남 지역 여러 곳에 야생 토종차가 자생한다는 사실을 기초로 자생설이 주장하기도 한다.

차나무의 식물지리

세계적으로 차나무가 분포하는 지역은 아프리카 케냐, 우간다, 탄자니아, 아시아 인도, 파키스탄, 스리랑카, 인도네시아, 베트남, 일본, 중국, 한국 등이다. 차나무의 세계적 분포상 북방한계선은 북위 42도의 조지아에 이르고 남방한계선은 남위 30도 근처의 남아프리카공화국 나탈, 북부 아르헨티나까지 이른다. 중국에서의 차나무 북방한계선은 북위 38도의 산둥반도이며, 일본에서 차나무의 북방한계선은 북위 42도의 아오모리현 구로이시시이다.

우리나라에서 주로 중국 소엽종 계통인 재래종과 일본 시즈오카현 재배종 가운데 선발한 품종 야부기다가 재배되고 있다. 재래종은 사찰을 중심으로 전파돼 주로 평균기온 13℃ 보다 높은 지역인 경남, 전남, 전북 일원에 자생한다. 재래종은 고산 지대일수록 잎의 길이와 폭이 좁으며 평지에서는 고산 지대보다 잎이 길고 크다. 또한 추위와 병해충에 강하고 맛과 향이 뛰어나 덖음차 제조용으로 적당하다. 야부기다는 맹아기에서 수확기까지 기간이 중간 정도인 중생종이며 곧게 자란다. 신선한 향이 강하며 맛은 부드럽고 떫은맛이 적어 찐 차 제조에 적합한 품종이다.

국내에서 차는 전남 두륜산, 무등산, 지리산, 조계산, 불갑산, 전북 내장산, 선운산, 모악산, 경남 하동 지리산, 제주도 서귀포 일대에서 주로 재배한다. 우리나라 차나무 분포의 북한계선은 전북 부안군 상서면, 익산시 웅포면, 전주시 완산구 교동, 순창군 적성면에서 전남 곡성군 곡성읍, 구례군 광의면을 지나 경남 하동군 화개면, 산청군 산장면, 양산시 하북면, 울산시 울주군을 지나는 선이다. 지역별로 모두 215개 지역에 분포하며, 강원 1지역, 전북 25지역, 전남 165지역, 경남 17지역, 부산 3지역, 제주 4지역에 나타났다.

우리나라에서 차나무의 수직적 분포는 하한계선 $100m$에서 상한계선 $600m$ 범위에 이르며, 만덕산(100~200m), 월출산(170~300m), 무등산(~500m), 지리산(200~600m), 백양산(200~300m), 가지산(~200m), 대둔산(~150m) 등이다.(정태현, 이우철, 1965)

또한 시기에 따라 분포 범위가 달라서, 15세기에는 남해안과 서해안, 울산에 나타났다가 16세기에 경남, 전북, 전남 등지의 차나무 분포지가 내륙에서 남쪽으로 이동했다. 17세기에 남부 지방 동쪽에서 점차 서쪽으로 옮겨 가고 내륙에서 해안으로 밀려갔다. 이처럼 차나무 분포지가 서쪽과 남쪽으로 이동한 것은 소빙기 추위 때문에 난대성 차나무 분포지가 축소된 것으로 본다. 그러나 18세기의 차나무 분포역은 남부 지방에서 북쪽으로 확산됐다. 19세기에는 내륙에서 해안으로 옮겨 갔고, 남부 지방에 흩어져 차나무가 재배됐다. 19세기 중반에는 호남 지방에서 차나무 분포지가 넓어졌으며, 상대적으로 기온이 높고 강수량이 많은 서해안 남쪽에 치우쳐 차나무를 재배했다.

조선 시대 이래 차나무 분포지가 변한 것은 기후변화에 따라 소빙기에 분포지가 줄어들었기 때문으로 본다. 차 수요에 따라 분포지가 증감하기도 했고, 차를 조정에 바쳐야 하는 과세 부담 때문에 공납을 피하고자 차나무를 베어 버리는 등 사회 경제적 이유로 차 산지가 축소되기도 했다.

일제 때는 기후가 온난해 좋은 품질의 차를 생산할 수 있는 전남과 경남에서 차나무를 주로 재배했다. 1970년대에는 전남, 경남, 전북을 중심으로 차나무가 재배됐다. 2000년대에 들어 녹차 소비가 증가하면서 전남, 경남, 제주, 전북에서 분포역이 넓어지고 있다.

오늘날 대표적인 차나무 분포지이자 녹차 생산지인 지리산은 화엄사, 칠불사, 쌍계사 등의 사찰이 위치해 과거부터 오랜 차 문화와 역사를 맺어온 곳이다. 《삼국유사》 기록에는 신라 8세기 초 흥덕왕(828) 때 당나라 사신

차밭. 경남 하동

으로 갔던 대렴(大廉)이 차나무 종자를 가지고 와 지리산 남쪽 절이 있는 곳 주변 대밭(長竹村)에 처음 심은 것으로 되어 있다. 지리산 남쪽에 위치한 경남 하동 쌍계사와 전남 구례 화엄사는 서로 자기 지역을 차의 시배지로 주장하고 있다.

지리산 자락에 위치한 하동은 손으로 덖어서 만든 수제 차 수요량 대부분을 공급하는, 덖음차의 국내 최대 생산지이다. 하동군 화개면은 화개천을 중심으로 발달한 화개골을 따라 한겨울에도 눈이 오래 쌓이지 않고, 서리 내리는 기간이 짧으며, 연강수량이 1,500mm를 넘는 기후 조건을 갖춰 차나무가 군락을 이룰 수 있는 최적지 중 하나다.

차나무의 생태

차나무는 차나무과 또는 동백나무과 상록활엽관목으로 동백나무 *Camellia japonica* 와 같은 속에 속하지만, 두 종은 서로 다른 종이다. 차나무는 6월경 꽃이 맺히기 시작해 9월 하순부터 10월 하순까지 핀다. 뿌리는 곧게 자라며 주된 뿌리는 지하 2m까지 뻗고, 주변 뿌리가 생겨나며 지하 15~18cm에 많은 잔뿌리를 만든다.

차나무는 분류학적으로 같은 종에 속하지만 품종에 따라서는 중국 소엽종인 차나무 *Camellia sinensis var. bohea*, 중국 대엽종 또는 중국종 *Camellia sinensis var. macrophylla*, 샨종 *Camellia sinensis var. shan*, 인도 대엽종(大葉種) 또는 아삼종 *Camellia sinensis var. assamica* 으로 구분된다. 중국종은 우리나라, 중국, 일본 등지에 분포하며, 잎 크기가 2~6cm인 관목이다.

중국 소엽종(小葉種)은 키 작은 관목으로 잎 길이는 3.5~6.5cm, 옆 가지는 6~8대, 차나무 키는 2~3m이다. 잎은 작고 짧고 두꺼우며 짙은 녹색을 띠고, 잎끝은 뾰족하다. 중국 동부와 동남부, 일본 전역에 분포한다.

중국 대엽종의 잎 길이는 12~14cm, 옆 가지는 8~9대, 차나무 키는 5m 내외이다. 중국 소엽종과 비슷하지만 잎은 크고, 잎끝은 뾰족하지 않다. 중국 후베이, 쓰촨, 윈난에 해당하고, 일본 일부 지역에 흩어져 자란다.

샨종은 상록 교목으로 잎의 길이는 16.5cm 내외, 옆가지는 10대 내외, 차나무의 키는 4.5~9m 내외이다. 잎은 크고, 아삼종에 가깝고 중국종과 아삼종의 중간 형태로 거치는 작고 밀생한다. 베트남 통킹, 라오스 북쪽 지방 및 미얀마 샨 지방과 아삼 지방에 분포한다.

인도 대엽종은 일반적으로 아삼종으로 불리는 품종이며, 교목으로 잎 길이는 20~30cm, 옆가지는 12~16대, 차나무의 키는 18m 내외이다. 잎은 네 개 품종 가운데 가장 크며 짙은 녹색이다. 인도 마니플, 루샤이, 카치야푸, 아삼에 자란다.

차나무와 민초의 삶

우리가 마시는 차는 차나무 잎을 가공해 만든 음료로 나무 품종, 수확 시기, 품질, 제조 방법과 발효 정도에 따라 녹차(綠茶, green tea), 우롱차(烏龍茶, wūlóngchá), 홍차(紅茶, black tea) 등 명칭이 다르다.

녹차는 수확 시기에 따라 4월 하순에서 5월 하순에 이르는 시기는 첫물 차, 5월 하순에서 6월 상순에 이르는 시기는 두물차, 6월 하순에서 7월에 이르는 시기는 세물차, 8월 하순에서 9월 상순에 이르는 시기는 끝물차로 구분된다.

이때 찻잎이 다 펴지지 않은 상태의 새로 나는 뾰족한 싹을 따서 쓴다. 창과 같이 생긴 모양의 창(槍), 창(槍)보다 먼저 나온 여린 잎으로 모양새가 오그라들어 있으며 깃발과 같이 생긴 기(旗)를 어떻게 사용하느냐에 따라 품질이 정해진다.

24절기 중 여섯 번째인 음력 3월 중순인 곡우(穀雨) 이전에 찻잎을 따서 만든 차를 우전차(雨前茶)라고 하며, 고급차로 취급한다. 덖음차는 찻잎을 무쇠 솥에 덖어 멍석 위에서 여러 번 비비고 말려 만든다.

여린 잎이 깃발처럼 생긴 기(旗)만을 딴 차로, 곡우에서 입하쯤 수확한 녹차가 세작(細作)이다. 잎이 자란 후 창과 기의 퍼진 잎을 한 장이나 두 장 따서 만든 차가 중작(中作)이고, 중작보다 거친 잎을 따서 만든 차가 대작(大作)이며, 굳은 잎이 대부분인 차가 막차다.

녹차는 발효 정도에 따라 발효차인 홍단차(紅團茶), 홍차(紅茶), 반발효차인

덖음차 만들기, 경남 하동 화개골

포종차(包種茶), 우롱차(烏龍茶), 불발효차인 찐차, 볶은차로 구분된다. 불발효차 가운데 찐차는 전차(煎茶), 죽로차(竹露茶), 춘설차(春雪茶), 옥로(玉露), 반약차(盤若茶), 말차(抹茶)로 구분되고, 볶은차는 우레시노차(嬉野茶), 아오야나기차(靑柳茶), 녹단차(綠團茶)로 구분된다. 녹차는 제조 방법에 따라 덩어리로 된 변차(片茶), 잎으로 된 엽차(葉茶), 찻잎을 말려 가루로 만든 말차(抹茶)로 구분한다. 이 중 변차는 단차(團茶)와 전차로 구분된다.

차밭이 어우러진 남부 지방 농촌, 산촌의 모습은 오랜 시간 사찰을 중심으로 이어져 온 전통적인 문화의 산물이자 보전이 필요한 경관이다. 또한 차나무를 이용한 녹차 제품 생산업도 소득을 높이고 지역의 독특한 전통 산업을 유지하는 차원에서 필요하다. 커피에 밀려 사라지는 우리의 고유한 차 문화도 부흥되어야 한다. 그러나 아직까지 차나무의 분포와 환경요인에 대한 체계적인 연구가 부족해 이러한 변화에 적극적으로 대응하지 못하고 있다. 특히 기업적으로 재배되는 차밭이 아닌 야생 차나무의 분포에 대한 관심은 매우 적다.

《세종장헌대왕실록지리지》에 의하면, 1454년 경남 하동은 차나무와 차 제품의 주된 생산지로 이미 이름이 높았다. 19세기에도 지리산에는 승려들이 차를 만들기 위해 모여들었고, 화개 칠불암의 선승들이 차를 만든다는 기록이 우리 차를 중흥시킨 초의선사(草衣禪師) 장의순(張意恂)이 1837년에 지은 《동다송(東茶頌)》에 남아 있다. '지리산 화개동은 차나무가 사오십리에 걸쳐 나생(羅生)하고 있으며, 우리나라 차밭으로는 이곳이 가장 넓은 곳이다'라고 했다. 지금도 하동 화개 지역은 손으로 덖어서 만든 덖음차를 주로 생산한다.

1970년대까지 차 제품은 존폐 기로에 있었으나, 근래 녹차에 대한 관심이 늘어나면서 재배 면적이 확대되고 있다.

차밭이 어우러진 남부 지방 마을 모습은 오랜 시간 사찰을 중심으로 이어져 온 전통적인 문화유산으로 보전해야 한다. 또한 차나무를 이용한 차 제품 생산업도 농산촌 소득을 높이고 지역의 고유한 전통 산업을 살린다는 차원에서도 육성돼야 하며, 우리 고유한 차 문화도 되살려야 한다.

차나무와 문화

신라에서는 화랑들의 수행, 왕실 시제(時祭), 불가의 선(禪) 등을 위해 하는 다도(茶道) 풍습이 널리 퍼졌다. 신라의 차 생활은 고려로 이어졌다.

고려 시대에 차 문화는 불교문화의 발전과 함께 더욱 융성해 왕실은 물론, 모든 국가 의식, 불교 의식에 차를 올리는 것이 당연했다. 왕, 귀족, 관리 중심의 차 문화가 성행했고, 중엽부터 선비들의 차 문화가 주를 이루었다. 일반 백성도 다점(茶店)에서 돈이나 베를 주고 차를 사 먹을 만큼 기호음료로 인기를 누렸다.

조선이 건국되면서 차 생활은 점점 쇠퇴의 길을 걷는다. 조선의 억불숭유(抑佛崇儒) 정책으로 불교가 쇠퇴하고 차 대신 술이 의식에 사용됐다. 그러나 차 생활 풍속이 완전히 사라진 것은 아니었고, 일부 선승(禪僧)이나 선비, 궁궐에서의 관례적인 제전에서 그 명맥이 이어졌다. 그러나 차 산지 주민에게 차세(茶稅)를 부과하면서 차 생산지가 줄고 민중의 차에 대한 거부감이 심화돼 기호음료로 정착되지 못했다.

일찍이 다산 정약용은 '차를 마시면 흥하고 술을 마시면 망한다(飮茶興飮酒亡)'라는 극단적인 표현으로 녹차가 우리 문화에서 차지하는 중요성을 말한 바 있다. 그러나 요즘 친교를 위하여 전통차인 녹차를 마시기보다는 술이나 커피를 마시는 것이 일반화됐다.

1980년대 초부터 시작된 차 문화 운동과 더불어 차 산업이 성장했고, 1990년부터 녹차 효능에 대한 연구를 통해 건강을 지켜 주는 보건 음료로 젊은 층에까지 녹차가 보급됐다. 이처럼 녹차 소비가 증가하면서 전남, 경남, 제주 등지에 대규모 기업형 다원이 늘고 있다.

최근에는 녹차를 마시는 것 외에도 녹차를 이용한 아이스크림이나 음료수, 과자나 녹차 돼지고기 등 다양한 식품부터 녹차 화장품과 비누, 치약, 방부제 등 생활용품, 의약품(당뇨, 심장병, 알레르기 예방 및 중금속과 환경 호르몬 제거)에 이르기까지 소비 방식이 다양해지고 있다.

현재 국내 녹차 시장이 가진 문제점으로 녹차 생산량의 부족, 세계 최고로 높은 차 가격, 낮은 생산성과 높은 인건비, 차의 품종화 부족, 다원 관리 기술 부족, 규모의 영세성, 2차 가공 기술 부족, 상품의 다양화 부족, 차를 마실 때의 지나친 격식화로 인한 일반 소비층 확대의 제약 등이 지적되고 있다. 따라서 녹차를 이용한 다양한 이벤트나 상품 개발을 통해 지역 특산품과 관광 명소로 자리 잡을 수 있도록 정부와 차 생산 업체의 공동 노력이 필요하다.

커피나무 이야기

커피 한 잔 드셨나요

'악마처럼 검고, 지옥처럼 뜨겁고, 천사처럼 순수하고, 사랑처럼 달콤하다'라는 프랑스 정치인이자 외교관이었던 탈레랑 페리고르(1754~1838)의 표현처럼, 커피는 세상 많은 사람들이 즐기는 음료다. 도시 골목길에도 커피숍이 즐비하고 커피 잔을 들고 길거리를 다니는 사람들의 모습이 일상이 된 지 오래다.

개인적으로 좋아하던 커피를 마시지 않은 지 20여 년 남짓 되었다. 강의실에서 커피 농장을 만들기 위해 열대 우림을 개발하면서 발생한 생물 다양성 훼손과 기후변화 등의 문제를 가르치던 내가 연구실로 돌아와서는 커피를 마시는 것이 어색하다고 생각했다. 자연 생태계의 섭리를 학생들에게 가르치는 데 그치지 않고 나부터 자연 생태계를 훼손하고 기후변화를 일으키는 행동을 멈추기 위해 커피를 끊었다. 그러나 말과 행동을 같이 하는 언행일치와 내가 먼저 실천하는 솔선수범은 쉽지 않은 일이다. 특히 국민 음료라는 평가를 받는 커피에 대해 이런저런 토를 달면서 커피 소비가 지구 환경에 미치는 부담과 부작용을 주변에 알리는 일은 더욱 환영받기 어렵다고 느낀다.

커피나무의 족보

커피는 커피나무 열매, 열매 속 씨앗, 그 씨앗을 껍질을 벗긴 뒤 말려 만든 생두(生豆, green bean), 생두를 볶은 커피 원두(原豆), 원두를 분쇄한 커피가루, 가루에서 추출한 음료까지를 모두 이른다.

원산지인 아프리카 에티오피아에서는 커피를 분나(bunna)라고 부르며, 아랍어로도 커피콩을 분(bunn)이라고 한다. 에티오피아 밖에서 쓰이는 커피라는 명칭은 에티오피아 말로 '힘'을 뜻하는 카파(caffa)에서 왔다. 이 말이 아라비아로 건너가서 카흐와(qahwa) 또는 콰훼(quahweh), 터키에서는 카베(kqhve), 이탈리아에서는 카페(caffe), 프랑스에서는 카페(café), 영국으로 건너가서 커피(coffee)로 바뀐 뒤 세계 여러 나라로 번졌다.

커피 원두를 생산하는 꼭두서니과(Rubiaceae) 커피나무 *Coffea* spp.는 열대성 여러해살이 상록활엽수이다. 커피나무의 키는 6~8m이고, 열매는 길이 15~18mm의 타원형이며, 그 안에 씨앗인 커피 원두 2개가 들어 있다.

아라비카 커피나무, 라오스 볼라벤

커피나무에는 약 25종이 있으며 열대 및 아열대 지방에서 재배한다. 기온, 강우량, 고도, 토질 등에 따라 재배되는 커피나무 품종이 다르다. 대표적인 커피나무종으로 원두커피를 내릴 때 사용하는 아라비카 *Coffea arabica*, 인스턴트커피, 식품용으로 사용하는 로부스타 *Coffea robusta* 또는 *Coffea Canephora*, 블렌딩용으로 주로 사용하는 리베리카 *Coffea liberica* 등이 있다.

커피나무의 식물지리

커피나무는 기후, 지형, 토양 등 주변 환경에 민감한 식물이다. 특히 기후에 민감해서 서리를 맞거나 기온이 5℃ 이하로 내려가면 냉해를 입거나 얼어 죽으며, 30℃가 넘는 무더운 날씨가 계속되어도 말라 죽는다.

커피나무는 적도에 가까운 북회귀선과 남회귀선 사이 북위 28~남위 30도 사이의 열대 및 아열대에서 주로 재배하며, 이 사이를 커피 벨트(Coffee belt) 또는 커피 존(Coffee zone)라 부른다. 주 재배 나라는 브라질, 베트남, 콜롬비아, 인도네시아 등 60여 개 나라이다.

커피콩은 7가지 종으로 구분되지만 상업적으로 재배하는 커피의 95%는 아라비카와 로부스타 두 가지이다. 먼저 아라비카종은 품질이 가장 우수해 전 세계 소비량의 70% 이상을 차지한다. 아프리카 에티오피아가 원산지로 브라질, 콜롬비아, 에티오피아, 인도, 멕시코, 코스타리카, 자메이카, 과테말라, 인도네시아, 케냐 등 넓은 지역에서 재배한다. 특히 향이 풍부하고 맛이 좋은 반면 병충해에 약하다.

로부스타종은 서부와 중앙아프리카 원산으로 동부 아프리카나 아시아에서 재배한다. 아라비카종에 비해서 맛이 쓰고 거친 편이지만 병충해에 강하다. 또한 재배가 쉬워 수확량이 아라비카종의 2배 이상으로, 전 세계 커피 생산량의 30%가 로부스타종이다. 주요 수출국은 브라질, 베트남, 콜롬비아, 인도네시아, 필리핀, 콩고 등이다.

커피를 가장 많이 생산하는 나라는 브라질로, 연간 약 260만 톤을 생산해 전 세계 커피 생산량의 3분의 1을 차지한다. 지금까지 약 150년간 여러 커피 농장에서 커피나무를 재배하고 있다. 제2위 커피 생산국은 고온 다습한 열대성 몬순 기후의 베트남이다. 19세기 중반 프랑스인이 처음 베트남에 커피 산업을 소개한 이래, 20세기 초반부터 커피 생산은 베트남의 주요 수입원이 됐다. 그 뒤를 잇는 나라로는 콜롬비아, 인도네시아, 에티오피아, 온두라스, 인도, 우간다, 멕시코, 과테말라, 코트디부아르 등이 있다. 중남미 약 20개국의 생산량이 지구 전체 커피 생산량의 약 65%를 차지한다.

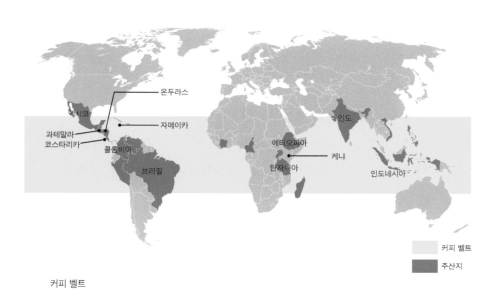

커피 벨트

국제커피기구(ICO) 통계에 따르면, 생두는 매년 1억 2천만~1억 4천만 포대(마대 자루 한 포대당 60kg)가 생산된다. 수확 시기에 따라 차이가 있지만 아라비카종은 로부스타종보다 1.4~2배 정도 가격이 비싸다. 구수하고 투박한 맛을 내는 로부스타종과는 달리 깊고 풍부한 향과 다양한 맛을 가진 아라비카종을 '검은 와인'이라고도 부른다.

커피는 서로 다른 풍토의 다양한 나라가 있는 열대와 아열대 커피 벨트에서 생산되는 만큼 기후와 토양 차이에 따라 조금씩 다른 향기와 풍미를 갖는다. 그런 커피는 스페셜티(specialty) 커피로 비싼 값으로 거래되고 있고, 그 수요는 가파르게 늘고 있다.

커피나무의 생태

아라비카종은 연평균기온 15~24℃, 연평균강수량 1,500~2천mm 정도인 브라질, 콜롬비아, 코스타리카, 자메이카, 과테말라, 인도네시아, 케냐 등에서 재배한다. 주로 해발 1천~2천m의 높은 지대에서 자라는데, 병충해에 약하고 연평균기온 15~24℃를 벗어나면 수확량이 줄거나 죽는다.

로부스타종은 연평균기온 24~30℃, 연평균강수량 2천~3천mm의 동부 아프리카나 아시아에서 재배한다. 온도만 잘 맞으면 웬만한 병충해도 견디며 무던하게 자란다. 열대 및 아열대 지역의 덥고 건조한 바람을 피하기 위해 자메이카 블루마운틴, 하와이 마우나케아, 탄자니아 킬리만자로, 케냐 케냐산, 콜롬비아 안데스 산맥 등 고산 지대에서도 커피를 재배한다.

커피 소비가 증가하자 적도 주변 열대 우림이 커피 농장으로 개발되면서 자연 생태계에도 적지 않은 변화가 나타났다. 세계 열대림의 절반 정도가 사라졌으며, 지금도 매년 한반도 면적만 한 열대 우림이 사라지고 있

열대 우림 커피 농장, 라오스

다. 이대로라면 30년 뒤에는 열대 우림이 모두 사라질 것이라는 예측도 있다. 또한 생물 다양성의 보고로 알려진 열대 우림에 커피나무 한 종류만을 심은 농장이 늘어나면서 생물의 종 수와 개체수가 줄고 있다.

열대 우림이 사라지고 유기물이 줄어든 상태에서 커피 재배가 계속되자 지력이 급속히 떨어졌다. 그러자 커피 농장에서는 토지 생산성을 높이려고 화학 비료와 농약 사용량을 늘렸고, 그에 따른 수질과 토양 오염 등 환경 문제가 심해지고 있다.

이렇게 커피 한 잔을 만드는 데 지구 생태계 핵심 지역인 열대 우림이 파괴되고, 대기 중 물의 순환을 조절하며 이산화탄소를 흡수하고 산소를 만드는 기능이 떨어져 자연재해가 잇따르고 있다. 열대 우림이 지구 허파 역할을 더 이상 하지 못하면서 지구 기후 시스템에 교란이 발생해 지구 온난화가 반복되고 바닷물 온도가 높아져 기상 이변이 계속되고 있다.

커피나무의 명암

국내 대형 할인 마트 업체가 자체 상품 판매 동향을 분석한 결과, 커피 믹스가 라면과 LCD TV 등을 제치고 판매 1위를 차지했다. 전 세계에서 1년에 소비되는 커피가 대략 6천억 잔이라고 하니 1인당 연간 100잔은 마시는 셈이다. 잘 알려진 외국계 커피 전문점의 연간 매출액이 1조 원을 넘어서고 순익이 1천억 원을 돌파했다고 한다. 우리나라 사람들의 커피 사랑은 유별나다.

커피는 솟구치는 용암처럼 빠르게 성장하는 산업의 주역이다. 사람들은 왜 이처럼 커피에 열광할까? 맛이 좋아서? 건강에 좋아서? 기분을 맑게 해 주어서? 멋져 보여서? 커피의 매력은 무엇인지 끝이 없는 대답이 이어질 수 있다.

커피는 단기적인 기억력을 높이는 효과가 있다. 이런 각성 효과는 카페인(caffeine) 때문이다. 우리 뇌에서는 아데노신(adenosine)이라는 물질이 분비돼 피곤한 신경을 쉬게 하는 작용을 한다. 그런데 카페인은 아데노신과 구조가 비슷해 아데노신이 결합해야 할 수용체에 대신 달라붙는다. 따라서 카페인이 몸에 들어오면 아데노신의 작용을 방해해 휴식하라는 신호가 제대로 전달되지 못한다.

커피 카페인은 이뇨 작용으로 노폐물을 배출시키고, 신체에 에너지 소비량을 10% 정도 올려 주기 때문에 체중 감량에 영향을 미친다. 따라서 다이어트에 좋고 비만 예방에 효과가 높다. 또한 페놀류가 많아 천연 항산화제로 세포 산화와 노화를 예방하고, 통풍, 변비와 치아 부식을 예방한다. 커피는 성인병을 예방하고 또는 암, 뇌졸중 등 중대한 질병에 걸릴 확률을 낮추며 심장병, 당뇨병에 유익하다는 보고도 있다.

다른 한편으로는 커피의 부작용에 대한 이야기도 이어진다. 뇌를 자극하는 각성 효과가 수면을 방해할 수 있다. 임신한 상태에서 커피를 마실 경우 카페인 때문에 저체중아, 태아 빈혈 등에 걸릴 위험도가 높아진다. 위궤양, 위염, 십이지장궤양과 여러 형태의 위통을 가져올 수 있으며, 자주 마시면 신체에서 칼슘을 흡수하는 것을 방해하여 골밀도를 떨어뜨릴 수 있다. 동시에 커피는 치아를 얼룩지게 한다.

커피에 대해 여러 가지 부작용을 이야기하는데, 이 모든 것의 공통점은 사람이 중심에 있다는 것이다. 열대 우림에 서식하는 동물이나 식물 입장에서 보면 하루가 다르게 숲을 밀치고 쳐들어오는 중장비나 열대 우림을 태워 대규모 농장을 만드는 불놓기가 얼마나 두려울지 상상하고도 남는다. 의약적인 효용, 자원적인 가치, 생물종 다양성의 창고, 생태계 주춧돌 등의 가치가 있는 열대 우림과 커피 한 잔을 바꾸는 것이 우리 후손을 위해 현명한 선택인지 생각해 볼 일이다.

커피나무와 민초의 삶

세계적으로 커피는 매일 25억 잔 정도 소비되는 것으로 알려졌으며, 그 가운데 3분의 1을 미국인이 마시고 있다. 개인별 커피 소비량은 핀란드가 단연 최고여서 1인당 연간 12.82kg의 원두를 소비한다. 한때 아랍 이교도의 음료라 하여 기독교 국가에서 허용되지 않던 커피는 지금은 전 세계적으로 가장 널리 마시는 기호음료이다. 커피는 원유, 지하자원, 곡물 등과 함께 중요한 교역 품목으로, 2천여만 명의 성인과 어린이가 커피와 관련된 일을 한다.

날로 고급화되는 입맛과 명품만 찾는 풍조 탓에 특이한 커피 문화도 생겨났다. 코피 루왁(kopi luwak)은 인도네시아에서 긴꼬리 사향고양이가 커피 열매를 먹은 뒤 배설한 것에서 커피 씨를 주워 모아 만든 커피로, 사향고양이 위장에서 발효되며 특별한 맛과 향이 더해진다. 요즘에는 사향고양이들이 철창에 가두고 커피 열매만 먹여 배설한 커피콩으로 코피 루왁을 만들기도 한다. 이런 커피를 지속 가능하고 생태적이거나 환경 친화적이라고 보기는 어렵다.

우리나라에 커피가 처음 도입된 것은 1882~1890년이었으나, 일반 사람도 널리 마시게 된 건 1896년 고종 황제가 아관파천으로 러시아 공사관에 피신한 이후부터이다. 당시 러시아 공사 베베르가 고종에게 커피를 대접하면서 한국 사람으로는 공식적으로 최초로 커피를 마셨다. 6·25 전쟁 때 미군 부대를 통해 커피가 흘러나오면서 대중화됐고, 1970년부터 국내에서 인스턴트커피를 생산하며 가장 국민적인 음료가 됐다. 우리나라는 세계 11위 정도의 커피 소비국이다.

우리나라는 '커피 공화국'이라는 우스갯말이 나돌 정도로 국민의 커피 사랑이 유별나다. 국제커피협회(ICO)의 2017년 자료에 따르면, 한국은 2012년 이후 꾸준히 커피 수입이 증가해 EU, 미국, 일본, 러시아, 캐나다, 알제리에 이어 커피 수입 7위 국가로, 세계적인 커피 소비국이다. 관세청의 2017년 자료에 따르면, 우리 국민 1인당 연간 커피 소비량은 512잔으로 10년 전보다 네 배 이상 늘었다. 커피 맛의 선택에도 변화가 생겨 과거에는 생두를 오래 볶아 쓴맛을 강조한 커피가 대세였다면 최근에는 품질 좋은 생두를 조금만 볶은 커피가 인기를 끌면서 분위기가 달라지고 있다. 커피숍도 스페셜티 커피를 취급하는 고급 전문점과 무인 결제 시스템을 도입한 초저가 커피 프랜차이즈로 양극화되는 경향이 나타났다.

전 세계적으로 가장 잘 알려진 스타벅스(Starbucks)는 미국계 커피 전문 체인점이다. 1971년 워싱턴주 시애틀에서 처음 문을 열었고, 현재 미국에는 1만 4천여 개, 영국에 3천여 개, 캐나다에 1,500여 개, 일본에 1,200여 개, 한국에 1,100여 개 등으로 전 세계에 60여 개 나라에 2만 8천여 개에 가까운 매장이 운영되고 있다. 특이한 것은 커피 소비량이 많은 유럽의 스칸디나비아반도 국가와 네덜란드, 프랑스, 이탈리아, 스페인과 같은 나라에는 매장이 많지 않다는 것이다. 우리나라에서는 1999년 이화여자대학교 앞에 처음 생겼으며, 2000년 12월부터 국내 기업과 공동 투자로 운영되고 있다.

스타벅스와 관련된 신조어도 있다. '스타벅스 지수(Starbucks Index)'는 스타벅스 커피숍의 대표 상품인 카페 라테 큰 크기(Tall size) 가격을 기준으로 실제 환율과 적정 환율과의 관계를 알아보는 구매력 평가 환율 지수다. 카페 라테 지수(Caffe Latte Index) 또는 라테 지수(Latte Index)라고도 부른다. '스타벅스 효과(Starbucks effect)'는 스타벅스 커피숍이 교통 체증을 유발하는 효과를 말한다.

2019년에는 '커피계의 애플', 커피 시장의 '게임 체인저'라고 불리는 블루보틀(Blue Bottle)이 서울에 진출했다. 블루보틀이 진출한 국가로는 일본에 이어 두 번째다. 블루보틀 덕에 유동 인구가 몰려 주변 상가 매출과 건물 시세가 동반 상승한다는 '블세권'이 형성됐다는 말도 있다.

블루보틀 커피 컴퍼니는 미국 캘리포니아주 오클랜드에 본사를 두고 있는 커피 로스터 및 소매 업체로 2002년 처음에 문을 열었다. 뉴욕에는 2010년 처음에 점포를 세웠는데, 2017년 세계 최대의 음식 및 음료 회사로 스위스에 본부를 두고 있는 네슬레(Nestlé)에 인수됐다.

유럽 선진국에는 많지 않은 커피 전문점이 우리나라에는 많고 선진국보다 비싸게 판매되는 것에 대해 어떻게 생각해야 할지 되돌아볼 일이다. 스타벅스 매장을 유치해서 건물 가치를 상승시키고 싶어 하는 건물주가 많다는 소식이 특이하다. 도시에서 숲이 근처에 있는 부동산을 분양할 때 '숲세권'으로 부르는 것이 생소했는데 커피 향이 새로운 숲을 도시에 만들 수 있을지 궁금하다.

커피나무의 미래

기후변화로 전 세계 커피 생산량이 급격히 감소할 것이라는 연구 결과가 발표됐다. 특히 지구 온난화로 2050년까지 현재 커피콩 재배지의 절반 이상이 사라질 수 있다고 한다. 커피콩은 60개국 이상에서 재배되며, 전 세계 2,500만 커피 농부의 생계를 책임지고 있다. 미국 국립 과학원 발표에 따르면, 현재보다 평균 지표면 온도가 2℃ 이상 상승하면 2050년까지 중남미 커피 생산량은 최대 88%까지 감소할 수 있다. 국제커피기구도 2050년에 이르면 동남아시아에서 커피 재배에 적합한 농지 면적의 70%가 줄어들 것이라고 경고한 바 있다.

전 세계 커피가 한꺼번에 사라질 가능성 역시 배제할 수 없는 상황으로, 세계 커피 생산의 선두를 달리고 있는 브라질과 베트남까지 위험하다는 연구도 있다. 실제로 브라질은 극심한 가뭄 피해로 커피 생산량이 줄어 커피 원두 가격이 2배 오르기도 했다. 세계 세 번째 커피 생산국인 콜롬비아는 지난 30년간 평균 기온 상승으로 병충해 피해를 입고 커피콩 생산량이 25% 정도 줄어들어 우려의 목소리가 커지고 있다.

에티오피아는 지구 온난화로 전통적인 커피 문화가 뿌리까지 흔들리고 있다. 영국 큐 왕립 식물원(Royal Botanic Gardens, Kew)은 지구 온난화가 현재 패턴을 유지할 경우 2070년에는 에티오피아의 커피 재배지가 최대 60% 까지 사라질 수 있다고 했다. 커피나무는 고원 지대에서만 자라고 30℃를 넘으면 잎이 떨어지는 등 온도에 극도로 민감하기 때문이다. 지구 평균 기온이 4℃ 이상 오르면 에티오피아 생산지의 66% 이상이 타격을 입을 것이라는 예측도 있다.

커피를 보는 불편한 시각에는 공정성과 불평등의 문제가 있다. 값이 비싼 커피뿐만 아니라 일반적인 커피의 재배, 운송, 가공, 판매 과정에서 일어나는 소득 분배의 불균형은 전 세계적으로 심각하다. 현재 세계 60여 개 나라에서 커피를 생산하는데, 실제 생산국에 돌아가는 이윤은 많지 않다. 대부분의 이익은 유통을 장악하고 있는 선진국의 메이저 커피 체인과 같은 큰 손에 좌우된다. 개발 도상국 국민은 자신들이 먹고사는 데 필요한 식량을 자기 땅에서 재배하는 자급자족을 하지 못하고 있다. 이들 나라에서는 선진 국가의 기호 식품인 커피를 생산하는 대신 선진국의 잉여 농산물을 수입해 굶주린 배를 채우는 일이 반복되고 있다. 정치적으로는 독립했으나 사회 경제적으로는 아직도 식민 통치를 받았던 구조를 벗어나지 못했다는 평가가 있는 것도 그런 이유에서다.

이와 같은 모순을 극복하려면 열대, 아열대 국가 농민들이 대규모 플랜테이션이 아닌 열대 우림에 있는 숲의 그늘에서 농약과 화학 비료를 이용하지 않고 유기농으로 고품질, 다품종의 커피를 생산해야 한다. 열대 우림 그늘에서 재배하는 것은 숲속의 새와 야생 동물을 키워 내기 때문에 좋은 커피를 생산하면서 생물 다양성도 유지할 수 있는 길이다.

열대 우림에서 재배한 건강하고 안전한 커피를 공정 무역으로 사고팔

커피 농장, 브라질 상파울루

고, 개발 도상국 생산자에게 열대 우림을 보전하면서 안전한 먹을거리를
생산하도록 하면 열대 우림, 생산 농민, 도시 소비자 모두에게 이익이 될
것이다. 도시 소비자들이 건강하고 안전한 커피를 적정한 값을 치르고 소
비하는 것이야말로 개발 도상국의 가난한 농민들이 열대 우림과 함께 생
존하도록 돕는 길이고, 환경을 보호하면서 지속 가능한 미래를 만들어 가
는 길이다.

　커피 한 잔을 만드는데 열대 우림이 희생되면서 대기 중 이산화탄소와
같은 온실 기체가 늘어나고 지구 기온이 오른다. 지구 온난화에 따라 커피
생산량이 줄어들면서 다시 커피 재배 면적을 늘리려고 열대 우림을 벌채
한다. 이러한 악순환을 끊을 수 있는 대안으로 우리는 다음과 같은 커피를
이용할 수 있다.

유기농 커피(organic coffee) 열대 우림에서 화학 비료나 농약을 적게 쓰거나 사용하지 않은 소규모 친환경농법이나 유기농으로 생산한 원두 제품

친조류 커피(bird friendly coffee) 열대 숲에 소규모로 커피나무를 심어 새들이 커피 열매를 먹고 배설해 자연스럽게 커피나무가 퍼져 나갈 수 있도록 재배한 상품

열대 우림 연합 인증 커피(rainforest allianced certified coffee) 커피콩을 생산하는 과정에서 열대 우림에 미치는 영향을 최소화한 상품

공정 무역 커피(公正貿易, fair trade coffee) 중간 유통 단계를 최소화해 생산 농민에게 이익을 보장해 주면서 건강한 커피를 생산하도록 돕는 제품. 온라인이나 오프라인 유통망을 통해서 구입

이처럼 다국적 기업이나 메이저 브랜드 커피 외에도 선택에 따라서는 지구 환경을 지키면서 커피를 즐길 수 있는 방법이 많다.

나오는 말

'지구의 모든 생명체는 다른 모든 생명체의 사촌이다'라는 베리와 스윔 (2010)의 말처럼 지구 시스템은 서로 거미줄처럼 엮여 있다. 지구 시스템 붕괴는 하나의 원인이 하나의 결과를 낳은 것이 아니고 때에 따라서는 무너지는 도미노처럼 연속적으로, 걷잡을 수 없을 정도로 파괴적인 길로 생태계를 이끌게 된다는 것을 기억해야 한다.

지구에서 살고 있는 인류와 자연환경은 서로 나누어 생각할 수 없다. 인류는 기나긴 지구 진화의 산물이지만 이제는 지구 시스템에 강력한 영향을 미치는 존재가 됐다. 특히 인류는 지표 위에 서식하는 동식물 분포와 다양성에 지배적인 영향을 끼치고 있다. 우리가 인류뿐만 아니라 지구 시스템을 이루고 있는 땅, 하늘, 물, 생명체를 고루 생각하면서 행동해야 하는 이유이다.

눈앞에 있는 같은 식물을 두고 어떤 관심과 시각으로 보느냐에 따라 사람마다 서로 다른 이야기를 하게 된다. 집 주변에 자라는 은행나무가 아름답다고 반기는 사람도 있지만, 어떤 사람은 가을에 열매에서 풍기는 냄새 때문에 꺼리기도 한다. 산에 흔한 소나무는 숲을 이루는 중요한 수종으로 보기도 하지만, 어떤 사람은 산불을 부추기고 생물 다양성을 낮추게 하는 나무로 취급하기도 한다. 아까시나무를 향기와 꿀을 주며 토양을 거름지게 하는 자원식물로 보는 한편, 생태계를 교란하는 외래종이니 제거해야 한다고 주장하기도 한다.

우리 주변에 있는 나무와 숲이 지구적 규모로부터 마을 숲에 이르기까지 어떤 공간적인 질서를 가지고 분포하는지, 지질 시대부터 선사 시대를 거치고 역사 시대를 지나 오늘에 이르기까지 시간이 지남에 따라 어떤 변천 과정을 거쳐 오늘날 나무의 다양성과 숲의 모습을 갖추게 되었는지, 누가 왜 나무를 잘라내고 숲을 헤치면서 살았고 어떤 사람들이 산에 나무를 심어 숲을 가꾸었는지, 극지에 주로 분포하지만 한반도의 산 정상에 외롭게 자라는 키 작은 꼬마나무들은 기후변화와 관련해 어떤 자연의 비밀을 우리에게 알려 주고 있는지 등 현재 식생의 다양성과 분포와 구조를 시간과 공간을 넘나들면서 새로운 눈을 가지고 바라보자. 세상을 새롭게 알 수 있게 된다.

우리나라는 전 세계적으로 국토 면적에 비해 산과 섬이 가장 많은 나라 가운데 하나다. 요즘에는 나무가 많고 숲이 울창한 산을 당연한 경관으로 여기는 사람이 대부분이다. 그러나 지금으로부터 50여 년 전만 해도 마을 뒷산부터 깊은 산골까지 나무가 없이 헐벗은 민둥산을 전국 어디에서나 볼 수 있었다. 국제기구조차도 우리나라의 황폐한 숲을 복구 가능성이 없는 것으로 취급할 정도였다. 그러나 우리나라는 제2차 세계대전 이후 나무를 심어 국토를 푸르게 한 유일한 모범 국가로 세계가 인정하고 있다. 우리는 짧은 기간에 걸쳐 정치 민주화를 현실로 이루었고, 괄목할 만한 경제 성장을 이룩했고, 문화적인 영향력을 세계에 펼치는 나라가 됐다.

하지만 정작 우리 마을 주변에 어떤 나무가 왜 그곳에 자라는지, 마을 숲에는 어떠한 이야기가 숨겨져 있는지, 산자락에 자라는 우람한 노거수는 언제부터 그곳의 수호신으로 자리했는지, 왜 산꼭대기에는 북극에 분포하는 키 작은 꼬마나무들이 무리 지어 살고 있는지, 주변과 멀리 자라는 나무와 숲에 대해 얼마나 관심을 가지고 있는지 뒤돌아보아야 한다. 사람들은 자연 속에서 호흡하며 의식주에 필요한 물자를 구하고 마음을 다스리고 체력을 기르는 활동을 하면서 살고 있다. 우리가 생명의 공간을 만들어 주는 나무와 숲에 대해 한 발짝 다가가 자세히 들여다보아야 할 충분한 이유가 여기에 있다.

우리 산과 들, 섬에 자라는 나무와 숲이 현재의 식생으로 자리 잡기까지 어떠한 환경 요인의 영향을 받았는지 지질 시대 이래 기후변화와 같은 자연환경뿐만 아니라 인간의 일상생활, 화전, 농업, 벌목, 병해충 피해, 묘지, 산지 개발, 조림, 외래종 도입 등 인위적인 간섭과 훼손을 되돌아보는 우리 나무와 숲의 이력서를 기록했다. 특히 소나무, 대나무, 차나무, 커피나무 등을 사례로 우리 나무와 숲의 역사, 지리, 생태, 문화, 전통 등을 식물지리적인 관점에서 들여다보았다.

세상은 아는 만큼 보인다고 한다. 나무와 숲에 대한 고유의 전통 지식과 새로운 과학 지식을 바탕으로 국토를 사랑하는 마음으로 나무와 숲을 찾아보기 바란다. 모두가 세상을 보는 새로운 눈을 가지고 나무와 숲을 탐구하면서 자연과 함께 상생하는 아름답고 지혜로운 삶을 푸른 숲에서 이루어 가기를 희망한다.

우리 곁에 있는 나무와 숲은 지질 시대 이래 지구 환경의 변천 과정을 지켜본 목격자이고, 사람들과 부대끼면서도 살아남은 자연 생태계의 증인이다. 동시에 나무와 숲은 미래에 닥칠 자연 생태계의 구조와 변화를 알려 주는 신호등이고 앞으로 일어날 일을 예측할 수 있는 숨겨진 열쇠를 갖고 있다. 도시라는 시간과 공간의 범위를 넘어 '담 너머 세상' 자연에 살고 있는 나무와 함께 숲에서 숨 쉬면서 세상을 바르게 읽는 새로운 눈을 가지고 살아갈 수 있기를 소망한다.

참고 문헌

• 강대현, 1966, 〈대관령 부근의 산촌의 입지와 형태〉, 《지산선생화갑기념논문집》, pp.9~20

• 강만길, 1981a, 〈일제시대의 화전민생활〉, 《동방학지》 27, pp.155~203

• 강만길, 1981b, 〈일제시대의 화전민생활(하)〉, 《동방학지》 28, pp.165~217

• 강만길, 1987, 《일제시대 빈민생활사 연구: 화전민의 생활》, 창비사

• 고연희, 2007, 《조선시대 산수화, 아름다운 필묵의 정신사》, 돌베개

• 공우석, 1985, 〈한반도의 대나무류 분포와 그 환경요인에 관한 식물지리학적 연구〉, 《한국생태학회지》 8, pp.89~98

• 공우석, 1989, 〈한반도 생물지리구 설정과 종구성〉, 《지리학》 40, pp.43~54

• 공우석, 1995, 〈한반도 송백류의 시공간적 분포역 복원〉, 《대한지리학회지》 30(1), pp.1~15

• 공우석, 1996, 〈한반도 쌍자엽식물의 시·공간적 분포역 복원〉, 《한국제4기학회지》 10(1), pp.1~18

• 공우석, 1998, 〈한라산 고산식물의 분포 특성〉, 《대한지리학회지》 33(2), pp.1~18

• 공우석, 1999, 〈한라산의 수직적 기온 분포와 고산식물의 온도적 범위〉, 《대한지리학회지》 34(4), pp.385~393

• 공우석, 2000a, 〈조선시대 이전의 식생 간섭사〉, 《한국제4기학회지》 14(1), pp.33~48

• 공우석, 2000b, 〈설악산 아고산대 식생과 경관의 지생태〉, 《대한지리학회지》 35(2), pp.177~187

• 공우석, 2001, 〈대나무의 시, 공간적 분포역 변화〉, 《대한지리학회지》 36(4), pp.1~14

• 공우석, 2002, 〈한반도 고산식물의 구성과 분포〉, 《대한지리학회지》 37(4), pp.357~370

• 공우석, 2003, 《한반도 식생사》, 아카넷

· 공우석, 2004a, 〈한반도에 자생하는 침엽수의 종 구성과 분포〉, 《대한지리학회지》 39(4), pp.528~ 543

· 공우석, 2004b, 〈대나무와 문화 경관〉, 《한국의 전통생태학》(이도원 엮음), 사이언스북스, pp.288~ 317

· 공우석, 2005, 〈지구온난화에 취약한 지표식물 선정〉, 《한국기상학회지》 41(2~1), pp.263~273

· 공우석, 2006a, 《북한의 자연생태계》, 집문당

· 공우석, 2006b, 〈한반도에 자생하는 소나무과 나무의 생물지리〉, 《대한지리학회지》 41(1), pp.73~93

· 공우석, 2006c, 〈북한 소나무과 나무의 생태와 자연사〉, 《환경영향평가》 15(5), pp.323~337

· 공우석, 2007, 《생물지리학으로 보는 우리식물의 지리와 생태》, 지오북

· 공우석, 2012, 《키워드로 보는 기후변화와 생태계》, 지오북

· 공우석, 2016, 《침엽수 사이언스 I》, 지오북

· 공우석, 2018, 《왜 기후변화가 문제일까?》, 반니

· 공우석, 2019, 〈소나무와 대나무, 그리고 한민족〉, 《자연과 인간, 문화를 빚어내다》(전남대학교 박물 관 엮음)

· 공우석, 김건옥, 이슬기, 박희나, 김현희, 김다빈, 2017b, 〈설악산, 지리산, 한라산 산정부의 식생과 경 관 특성〉, 《Journal of Climate Change Research》 8(4), pp.401~414

· 공우석, 김건옥, 이슬기, 박희나, 조수현, 2014, 〈한반도 주요 산정의 식물종 분포와 기후변화 취약종〉, 《환경영향평가》 23(2), pp.119~136

· 공우석, 김현희, 김다빈, 이철호, 신현탁, 2019, 《꼬마나무의 자연사와 기후변화》, 국립수목원

· 공우석, 오승환, 이유미, 2013, 《한국의 풍혈》, 국립수목원

· 공우석, 윤광희, 김인태, 이유미, 오승환, 2012, 〈풍혈의 공간적 분포 특징과 관리 방안〉, 《환경영향평 가》 21(3), pp.431~443

· 공우석, 이슬기, 윤광희, 박희나, 2011, 〈풍혈의 환경 특성과 식물지리적 가치〉, 《환경영향평가》

20(3), pp.381~395

· 공우석, 이유미, 이철호, 김인식, 권혜진, 조용찬, 김동갑, 정재민, 양형호, 신재권, 박선욱, 김다빈, 2017a, 《키 작은 강인한 유존식물들이 들려주는 이야기》, 국립수목원

· 공우석, 임종환, 2008, 〈극지고산식물 월귤의 격리분포와 기온요인〉, 《대한지리학회지》 43(4), pp.495~510

· 교육도서출판사, 1963, 《생물지리(사범대학용)》, 교육도서인쇄공장

· 국립산림과학원, 2005, 〈대나무의 모든 것〉, 《국립산림과학원 연구신서》 제7호

· 국립수목원, 2011, 《우리 숲에 심는 나무》, 국립수목원

· 국립수목원, 2012, 《쉽게 찾는 한국의 귀화식물》, 지오북

· 권숙표, 1985, 《환경대책과 자연보호》, 연세대학교환경공해연구소

· 김갑덕, 1994, 〈산림과 묘지〉, 《숲 사람과 문화》, 탐구당, pp.323~336

· 김경남 외, 1996, 〈화전 - 강원도 현장을 중심으로〉, 《생산민속》, 집문당, pp.221~234

· 김영진, 이은웅, 2000, 《조선시대 농업과학기술사》, 서울대학교 출판부

· 김외정, 2016, 《천년도서관 숲》, 메디치

· 김용덕, 1999, 《이 땅의 토박이 동식물 토종》, 농민신문사

· 김의원, 1989, 《국토이력서》, 매일경제신문사

· 김익두, 1998, 《우리 문화 길잡이》, 한국문화사

· 김일기, 이민부, 박승규, 전종한, 1999, 〈한국 산지촌의 실태와 진흥방안에 관한 연구〉, 《대한지리학회지》 34(1), pp.27~46

· 김장수, 1994, 《임정학》, 탐구당

· 김정락, 1997, 〈우리나라 등마루산줄기에 대하여〉, 《지리과학》 179, pp.35~40

· 김정호, 김종천, 고광출, 이규래, 이재창, 1995, 《과수원예각론》, 향문사

· 김종원, 강판권, 2007, 《마을숲과 참살이》, 계명대학교 출판부

· 김종철, 2011,《산림녹화성공 기적의 나라 한국》, 한국임업신문

· 김준민, 1976,《한국식물의 생태》, 전파과학사

· 김준민, 임양재, 전의식, 2000,《한국의 귀화식물》, 사이언스북스

· 김준호, 2000,《대나무》, 대원사

· 김창하, 강응남, 2004,〈관모봉 일대의 제4기 빙하지형에 관한 연구〉,《지질 및 지리과학》213, pp.30
~32

· 김태호, 2001,〈한라산 백록담 화구저의 유상구조토〉,《대한지리학회지》36(3), pp.233~246

· 김태호, 2006,〈한라산 유상 구조토의 붕괴 프로세스와 요인〉,《한국지역지리학회지》12(4), pp.437
~448

· 김학범, 장동수, 1994,《마을숲》, 열화당

· 김희태, 박찬호, 손세호, 1992,《신고 공예작물학》, 향문사

· 남효창, 2014,《나무와 숲》, 한길사

· 류정길, 1999,〈언진산 빙하시기의 자연환경 연구〉,《김일성종합대학학보(자연과학)》45(4), pp.114
~117

· 문화재관리국, 1998,《천연기념물백서》문화재관리국

· 민병근, 1996,〈화전의 역사〉,《한국민속사입문》(임재해, 한양명 엮음), 지식산업사, pp.695~711

· 박봉우, 1993,〈황장목과 황장봉산〉,《소나무와 우리 문화》(전영우 편), 두솔, pp.116~122

· 박봉우, 2000,〈금송작계절목 -소나무의 보호와 관리-〉,《숲과 임업》(배상원 편), 수문출판사, pp.188
~191

· 박상진, 2001,《궁궐의 우리 나무》, 눌와

· 박상진, 2011,《우리 나무의 세계》, 김영사

· 박수현, 1996,《한국의 외래, 귀화식물》, 대원사

· 박수현, 2001,《한국의 귀화식물》, 일조각

· 박수현, 2009, 《세밀화와 사진으로 보는 한국의 귀화식물》, 일조각

· 박영초, 1988, 《조선인민경제사(원시-고대편)》, 백산자료원

· 박원규, 1995, 〈선사시대의 우리 참나무〉, 《참나무와 우리 문화》(임주훈 편), 두솔, pp.27~34

· 박재철, 2006, 《마을숲의 바람과 온습도 조절 기능》, 한국학술정보

· 박찬열, 2008, 〈한국 농촌 경관의 생물 상호작용 연결망〉, 《한국의 전통생태학 2》, (이도원 엮음), 사

  이언스북스, pp.145~162

· 박호석, 안승모, 2001, 《한국의 농기구》, 어문각

· 배상원, 2013, 《산림녹화》, 나남

· 배재수, 1996, 〈잊혀진 봉산〉, 《문화와 숲》(이천용 편), 두솔, pp.207~219

· 배재수, 이기봉, 오기노 지히로, 2007, 《1970년대 산림녹화정책》, 국립산림과학원

· 사회과학원 민속학연구실, 1992, 《조선민속풍습》, 서광학술자료사

· 사회과학원 민속학연구실, 1993, 《조선의 풍습》, 학민사

· 산림청, 1980, 《화전정리사》, 산림청

· 산림청, 1985, 《임업통계연보》, 산림청

· 산림청, 1987, 《산림피해현황》, 산림청

· 산림청, 1989, 《황폐지복구사》, 산림청

· 산림청, 2000a, 《산림과 임업기술(I) 산림일반》, 산림청

· 산림청, 2000b, 《산림과 임업기술(II) 산림조성》, 산림청

· 산림청, 2016a, 《임업통계연보》, 산림청

· 산림청, 2016b, 《이야기가 있는 보호수》, 산림청

· 산림청, 2017a, 《산림청 50년사 1967~2017 같이 이룬 푸른 숲 함께 나눌 우리 숲》, 산림청

· 산림청, 2017b, 《같이 읽는 숲 함께 쉬는 숲》, 산림청

· 생명의숲국민운동본부, 2007, 《조선의 임수》, 지오북

· 서민환, 이유미, 1997, 《숲으로 가는 길》, 현암사

· 손영종, 조희승, 1990, 《조선수공업사》, 백산자료원

· 숲과문화연구회, 2016, 《마을숲과 산림문화》, 거목문화사

· 신준환, 2018, 《행복한 나무》, 지오북

· 신호철, 1981, 〈조선후기 화전의 확대에 대하여〉, 《역사학보》 91, pp.57~108

· 안완식, 1999, 《우리가 지켜야 할 우리종자》, 사계절

· 오수영, 1977, 〈한국유관속식물의 분포와 식물지리학적 연구〉, 《안동교육대 논문집》 7, pp.13~39

· 오호성, 1993, 〈우리나라 산림정책의 변천과 미래의 산림자원〉, 《산과 한국인의 삶》(최정호 편), 나남, pp.456~473

· 옥한석, 1985, 〈한국의 화전농업에 관한 연구〉, 《지리학연구》 10, pp.153~178

· 옥한석, 1994, 《향촌의 문화와 사회변동》, 한울아카데미

· 옥한석, 1998, 〈강원지역 자연 환경의 변화〉, 《강원환경의 이해》(강원사회연구회 엮음), 한울아카데미, pp.125~133

· 이경재, 1993, 〈산과 환경보존〉, 《산과 한국인의 삶》(최정호 편), 나남, pp.253~280

· 이경준, 2015, 《한국의 산림녹화 어떻게 성공했나?》, 기파랑

· 이경준, 김의철, 2011, 《민둥산을 금수강산으로》, 기파랑

· 이광희, 박원규, 2010, 〈선사시대와 역사시대 건축물에 사용된 목재수종의 변천〉, 《느티나무와 우리 문화》, 도서출판 숲과 문화, pp.3~27

· 이도원, 고인수, 박찬열, 2007, 《전통 마을숲의 생태계 서비스》, 서울대학교 출판부

· 이돈구, 2012, 《숲의 생태적 관리》, 서울대학교 출판문화원

· 이돈구, 조재창, 1993, 〈강송의 천연 갱신에 관한 생태학적 연구〉, 《소나무와 우리 문화》(전영우 편), 두솔, pp.36~46

· 이만열, 1996, 《한국사연표》, 역민사

- 이봉섭, 1993, 《한국의 명목》, 경향신문사
- 이상헌, 전희영, 윤혜수, 1999, 〈화분분석에 의한 한국 중서부 저지대의 4,000년 전 이후 고환경〉, 《한국제4기학회지》 13(1), pp.1~23
- 이석우, 2007, 〈소나무의 유전변이와 유전자원 보존〉, 《국립산림과학원 연구자료》 제279호, 국립산림과학원
- 이선, 2006, 《우리와 함께 살아온 나무와 꽃》, 수류산방
- 이성규, 김정명, 2003, 《백두산 툰드라지역 식물의 살아남기》, 대원사
- 이성우, 1993, 《한국 식생활의 역사》, 수학사
- 이숭녕, 1994, 《한국의 전통적 자연관》, 서울대학교 출판부
- 이용한, 2002, 《사라져가는 이 땅의 서정과 풍경》, 웅진닷컴
- 이우철, 임양재, 1978, 〈한반도 관속식물의 분포에 관한 연구〉, 《식물분류학회지》 8(부록), pp.1~33
- 이유미, 2004, 《광릉숲에서 보내는 편지》, 지오북
- 이유미, 2015, 《우리 나무 백 가지》, 현암사
- 이이화, 1990, 《우리 겨레의 전통생활》, 려강출판사
- 이장오, 1994, 《산은 산이 아니요, 물은 물이 아니로다》, 배달환경
- 이점숙, 2014, 《한국의 염생식물》, 선인
- 이정호, 2013, 《한국인과 숲의 문화적 어울림》, 소명출판
- 이창덕, 1992, 《고랭지 농업》, 강원대학교 출판부
- 이천용, 1996, 〈숲의 복구사〉, 《문화와 숲》(이천용 편), 두솔, pp.149~160
- 이천용, 2002, 〈산에 심은 나무, 산에 심을 나무〉, 《산과 우리문화》(김종성 엮음), 수문출판사, pp.211~218
- 이춘령, 1968, 〈한국농업기술사〉, 《한국문화사대계 III 과학기술사》, 고대민족문화연구소, pp15~66
- 이현혜, 1998, 《한국 고대의 생산과 교역》, 일조각

- 이호철, 2002,《한국 능금의 역사, 그 기원과 발전》, 문학과 지성사

- 임경빈, 1972, 〈한국의 고산대〉,《원색과학대사전》, 266~288, 학원사

- 임경빈, 1993,《우리 숲의 문화》, 광림공사

- 임주훈, 1993, 〈소나무의 서식지 선택 특성에 대하여〉,《소나무와 우리 문화》(전영우 편), 두솔, pp.27
  ~35

- 임주훈, 2000, 〈산불과 임업〉,《숲과 임업》(배상원 편), 수문출판사, pp.104~110

- 장경환, 한주성, 1999, 〈단양군 소백산맥 북서사면 지역에 있어서 농업적 토지이용의 수직적 분화〉,
  《대한지리학회지》 34(3), pp.295~318

- 장동수, 2004, 〈숲 문화와 생태〉,《한국의 전통생태학》(이도원 엮음), 사이언스북스, pp.348~377

- 장동수, 2008, 〈한국 전통의 수변 인공림〉,《한국의 전통생태학 2》(이도원 엮음), 사이언스북스,
  pp.81~108

- 장동수, 2009, 〈전통도시숲의 조경문화〉,《전통문화환경에 새겨진 의미와 가치》(장동수 엮음), 조경,
  pp.13~40

- 장은재, 김종원, 2007,《노거수 생태와 문화》, 월드 사이언스

- 장정희, 김준민, 1982, 〈영랑호, 월함지, 방어진의 제4기 이후의 식피의 변천〉, 〈식물학회지〉 25(1),
  pp.37~53

- 전상운, 1974,《한국의 과학사》, 세종대왕기념사업회

- 전영우, 1993, 〈조선시대의 소나무 시책〉,《소나무와 우리 문화》(전영우 편), 두솔, pp.50~60

- 전영우, 1994, 〈조선시대의 숲〉,《숲 사람과 문화》(김장수 편), 탐구당, pp.135~159

- 전영우, 1997,《산림문화론》, 국민대출판부

- 전영우, 1999a,《나무와 숲이 있었네》, 학고재

- 전영우, 1999b,《숲과 한국문화》, 수문출판사

- 전영우, 2005,《숲과 문화》, 북스힐

· 전영우, 2014, 《궁궐 건축재 소나무》, 상상미디어

· 정계준, 2017, 《노거수와 마을숲》, 경상대학교출판부

· 정동주, 2000, 《소나무: 정동주의 한국의 마음 이야기》, 거름

· 정상림, 공우석, 1984, 〈한국의 차나무 분포에 대한 기후학적 연구〉, 《지리학연구》 9, pp.583~594

· 정재훈, 1990, 《한국의 옛 조경》, 대원사

· 정치영, 1999, 〈지리산지 정주화의 역사지리적 연구〉, 고려대학교 박사 학위 논문

· 정치영, 2004, 〈산지 생태에 적응한 지리산지 농민의 전통 농법〉, 《한국의 전통생태학》(이도원 엮음), 사이언스북스, pp.316~347

· 정태현, 이우철, 1965, 〈한국삼림대 및 적지적수론〉, 《성균관대학교 논문집》 10, pp.329~435

· 정흥규, 2019, 《에밀 타게의 선물》, 다빈치

· 조현재, 이창배, 2010, 《우리 숲 큰 나무》(백두대간, 설악산, 지리산, 제주도, 울릉도편 등 5권), 녹색사업단

· 조현제, 김준수, 신준환, 신현탁, 이철호, 조용찬, 2019, 《한국 산림의 큰나무》, 국립수목원

· 주남철, 1999, 《한국의 전통민가》, 아르케

· 차윤정, 전승훈, 1999, 《신갈나무 투쟁기》, 지성사

· 차종환, 1975, 《한국의 기후와 식생》, 서문당

· 최덕원, 1993, 〈당산목과 마을 구조와의 상관 연구〉, 《한국민속학》 25, pp.427~508

· 최상수, 1988, 《한국의 의식주와 민구의 연구》, 성문각

· 최상준 등, 1997, 《조선기술발전사 5 리조후기편》(조선기술발전사편찬위원회 저), 백산자료원

· 최원석, 2000, 〈영남지방의 비보〉, 고려대학교 박사 학위 논문

· 최원석, 2004, 〈한국의 전통적 경관 보완론〉, 《한국의 전통생태학》(이도원 엮음), 사이언스북스, pp.76~103

· 최원석, 2014, 《사람의 산 우리 산의 인문학》, 한길사

· 최원석, 2018, 《사람의 지리 우리 풍수의 인문학: 그 실천과 활용의 사회문화사》, 한길사

· 최태선, 1977, 《조선의 구석기시대》, 사회과학출판사

· 토마스 베리, 브라이언 스윔, 2010, 《우주 이야기: 태초의 찬란한 불꽃으로부터 생태대까지》(맹영선 옮김), 대화문화아카데미

· 편집부, 1998, 〈언진산 빙하흔적에 대한 과학발표회〉, 《지질 및 지리과학 189》, p.1

· 하기노 토시오(萩野敏雄), 2001, 《韓國近代林政史》(배재수 옮김), 한국목재신문사

· 한국임정연구회, 1975, 《치산녹화30년사》, 한국임정연구회

· 한국임정연구회, 1976, 《산림경영의 개선 방향》, 한국임정연구회

· 한국임정연구회, 2001, 《조선임업사(하)》, 산림청

· 현신규, 2006, 《산에 미래를 심다》, 서울대학교 출판부

· 홍성천, 2000, 〈조림수종 선정에 대한 재고〉, 《숲과 임업》(배상원 편), 수문출판사, pp.88~93

· 환경부, 2012, 《한국의 생물다양성보고서》, 환경부

· 中井猛之進, 1935, 《東亞植物, 岩波全書》, 東京.

· 宮嶋博史, 1991, 《朝鮮土地調査事業史研究》, 東京大學東洋文化研究所報告.

· 安田喜憲, 塚田松雄, 金遵敏, 李相泰, 1980, 〈韓國における環境變遷史と農耕の起源〉, 《文部省學術調査報告》, pp.1~19.

· 善生永助, 1933, 《朝鮮の 聚落, 前篇, 朝鮮總督府》, pp.416~417.

· Gavin, D.G., Fitzpatrick, M.C., Gugger, P.F., Heath, K.D., Rodrıguez-Sanchez, F., Dobrowski, S.Z., Hampe, A., Hu, F.S., Ashcroft, M.B., Bartlein, P.J., Blois, J.L., Carstens, B.C., Davis, E.B., de Lafontaine, G., Edwards, M.E., Fernandez, M., Henne, P.D., Herring, E.M., Holden, Z.A., Kong, W.S., Liu, J.Q., Magri, D., Matzke, N.J., McGlone, M.S., Saltre, F., Stigall, A.L., Tsai, Y.E., and

Williams, J.W., 2014, Climate refugia: joint inference from fossil records, species distribution models and phylogeography, New Phytologist, 204, 37~54.

- Good, R., 1948, The Geography of the Flowering Plants, Longman, London.

- Hardin, G., 1968, The tragedy of the commons, Science, 162(3859), 1243~1248.

- Hultén, E., 1958, The amphi-Atlantic plants and their phytogeographical connections, Kungl. Svenska Vetenska. Hand., Band, 7. Nr 1., Almqvist and Wiksell, Stockholm.

- Hultén, E., 1962, The circumpolar plant, I, Kungl. Svenska Veten. Handl, Fjarde Serien, Band, 8, 1~275.

- Hultén, E., 1970: The circumpolar plants. II, Kungl. Svenska Vetenska. Hand., Band, 13. Nr 1., Almqvist and Wiksell, Stockholm.

- Kim, T.H., 2008, Thufur and turf exfoliation in a subalpine grassland on Mt. Halla, Jeju Island, Korea, Mountain Research and Development, 28(3/4), 272~278.

- Kong, W.S., 1991, Present distribution of cryophilous plants and palaeoenvironment in the Korean Peninsula, The Korean Journal of Quaternary Research, 5(1), 1~14.

- Kong, W.S. & Watts, D., 1992, A unique set of climatic data from Korea dating from 50 B.C., and its vegetational implications, Global Ecology and Biogeography Letters, 2, 133~138.

- Kong, W.S., 1992, The vegetational and environmental history of the pre-Holocene period in the Korean Peninsula, The Korean Journal of Quaternary Research, 6(1), 1~12.

- Kong, W.S. & Watts, D., 1993, The Plant Geography of Korea, Kluwer Academic Publishers, The Netherlands, pp. 229

- Kong, W.S., 1994, The vegetational history of Korea during the Holocene period, The Korean Journal of Quaternary Research, 8(1), 9~22.

- Kong, W.S., 1998, The alpine and subalpine geoecology of the Korean Peninsula, Korean

Journal of Ecology, 21(4), 383~387.

· Kong, W.S., 1999, Geoecological analysis of the Korean alpine and subalpine plants and landscape, J. Environmental Sciences, 11(1), 243~246.

· Kong, W.S. & Watts, D., 1999, Distribution of arboreal arctic-alpine plants and environments in NE Asia and Korea, Geographical Review of Japan, Vol. 72(Series B), No. 2, 122~134.

· Kong, W.S., 2000, Vegetational history of the Korean Peninsula, Global Ecology & Biogeography, 9(5), 391~401.

· Kong, W.S, Lee, S.G., Park, H.N., Lee, Y.M., Oh, S.H., 2014, Time-spatial distribution of *Pinus* in the Korean Peninsula, Quaternary International, 344(1), 43~52.

· Kong, W.S., Koo, K.A., Choi, K., Yang, J.C., Shin, C.H., Lee, S.G., 2016, Historic vegetation and environmental changes since the 15th century in the Korean Peninsula, Quaternary International, 392, 25~36.

· Koo, K.A., Kong, W.S., Nibbelink, N.P., Hopkinson, C.S., Lee, J.H., 2015, Potential effects of climate change on the distribution of cold-tolerant evergreen broadleaved woody plants in the Korean Peninsula, PLoS ONE 10(8): e0134043. https://doi.org/10.1371/journal.pone.0134043

· Takhtajan, A., 1986, Floristic Regions of the World, (translated by T.J. Crovello & A. Cronquist), University of California Press, Berkeley.

· Udvardy, M.D.F., 1975, A Classification of the Biogeographical Provinces of the World, IUCN Occasional Paper No. 18, Morges, Switzerland.

우리 나무와 숲의 이력서

초판 1쇄 인쇄 · 2019. 7. 1.
초판 1쇄 발행 · 2019. 7. 10.

지은이 · 공우석
발행인 · 이상용 이성훈
발행처 · 청아출판사
출판등록 · 1979. 11. 13. 제9-84호
주소 · 경기도 파주시 회동길 363-15
대표전화 · 031-955-6031 팩시밀리 · 031-955-6036
E - mail · chungabook@naver.com

ISBN 978-89-368-1146-4 03400

* 잘못된 책은 구입한 서점에서 바꾸어 드립니다.
* 본 도서에 대한 문의 사항은 이메일을 통해 주십시오.

이 도서의 국립중앙도서관 출판예정도서목록(CIP)은 서지정보유통지원시스템 홈페이지(http://seoji.nl.go.kr)와 국가자료공동목록시스템
(http://www.nl.go.kr/kolisnet)에서 이용하실 수 있습니다.(CIP제어번호: CIP2019024272)